湛庐CHEERS

与最聪明的人共同进化

HERE COMES EVERYBODY

ぜんぶ、すてれば

拼命活在顺其自然的瞬间

[日] 中野善寿 著
王雯婷 译

中国财经出版传媒集团
中国财政经济出版社

这是一个充满不确定性、瞬息万变的时代。
这是一个考验个人能力的时代。
这是一个需要我们为百年人生做好准备的时代。

面对与日俱增的信息，
我们需要不断升级技术、更新观念。
如今，我们不能再继续依靠过去的成功案例，
也难以描绘出行动范本、人生蓝图。
每个人都必须有自己的想法，并向世界传播。

但没有成绩和经验，人就会缺乏信心。
或许有人一想到前途未卜的未来，
就心烦意乱、憔悴疲惫。

那么，想要在这个时代活下去，
必须拥有怎样的知识，掌握怎样的技能呢？

序言

什么都不拥有

中野善寿，75岁。

在伊势丹、铃屋任职期间，为公司成功拓展新业务，开辟海外市场。之后远赴中国台湾，作为大型集团公司的经营者活跃在不同领域。

2011年，担任寺田仓库的法人代表、社长兼首席执行官，实施大规模改革，让这家老字号企业焕发新的活力。

各界名人都仰慕中野先生的能力、独特的思考方式及人品。但与此同时，他却鲜少出现在媒体的视野里，就连本公司员工也一度怀疑是否确有其人。其行事风格非常与众不同。

中野先生的人生准则是“什么都不拥有”。他没有房子、汽车、手表，也不嗜烟酒。对于金钱也是如此：从年轻时起，他就将除必要生活费用以外的工资全部捐献出去。

正是因为什么都不拥有，才不被过去束缚，不为未来烦恼，可以专注于今天。

面对新的时代，该如何积极向上地享受生活？本书就此将中野先生的采访稿整理成简短的语句和文章，希望能给大家带来一些思考。

目录

第2章
拥有并不会产生稳定，舍弃才能自由

第3章
敢于朝令朝改，果断去做，做不到就做不到

第4章
永远聆听现场的声音

第5章
漫不经心路过的地方，却有改变人生的邂逅

这些关于日本的文化知识，你了解吗？

扫码鉴别正版图书
获取您的专属福利

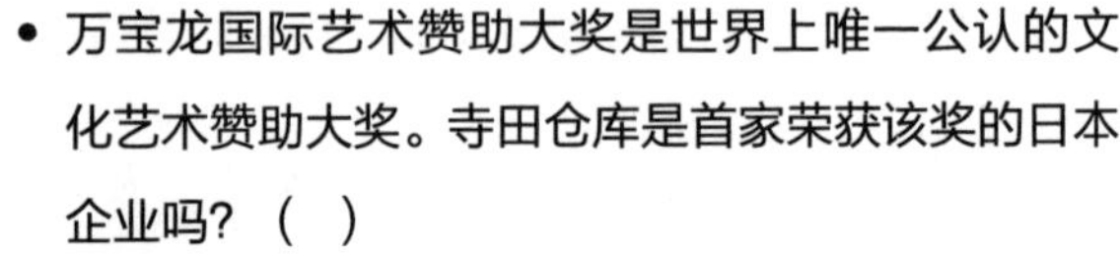

- 万宝龙国际艺术赞助大奖是世界上唯一公认的文化艺术赞助大奖。寺田仓库是首家荣获该奖的日本企业吗？（ ）

  A. 是

  B. 否

扫码获取全部测试题及答案
一起了解多维度的文化知识

- 国际建筑大师隈研吾提出的“负建筑”理念，其核心是：（ ）

  A. 让建筑从周围的环境中脱颖而出

  B. 把建筑作为配角，将环境放在首位

  C. 极力追求象征意义并满足视觉需要

  D. 要标新立异，越奇特越古怪，越好

- 1995 年发生的阪神大地震是日本防震减灾体系的一大转折点吗？（ ）

  A. 是

  B. 否

扫描左侧二维码查看本书更多测试题

ぜんぶ、すてれば

ぜんぶ、すてれば

第 1 章

无须配合周遭，彻底守住自己的抗拒心

1

今天就是全部，不如豪迈、轻快地舍弃一切

我最想和大家说的，就是“专注于现在”这句话。

在如今这个信息爆炸的时代，大家往往会考虑太多——身边的人、未来可能发生的事……或许大家越来越难以沉下心来，因此忽略了当下。

但事实上，能让人沉醉忘我、乐在其中的只有“现在”。

不妨重新审视此时此刻的自己。

不被过去束缚，不被未来烦扰，切切实实享受今天。其结果一定会在未来某一天，以意想不到的形式回馈给你。

今天可能就是地球存在的最后一天，谁都不可能成为永恒的依靠。能成就自己的只有自己。而万事皆有因果，能创造未来的，也只能是今天的自己。

所以，不妨豪迈、轻快地将阻碍自己的东西尽数舍去。

2

今天能做的就马上做，因为人生未必有明天

我每天清晨醒来，一定会先给员工打电话，告诉他们要做什么，然后才沐浴、吃早餐和立誓。等准备得差不多了，出门前再打一个电话。

“刚才交代的事怎么样了？”

此时距离第一通电话差不多已过去两个小时，我得问问事情的进展。

沟通完后我就离开家，等午餐的时候再打第三通电话。

“这回怎么样了？”

或许有人会觉得我性子急，但我并不这么看。因

为明天我可能就已经不在人世。

人们可以期待下一个明天，但决不可相信明天一定会到来。我已经走过人生的第 75 个年头，对这一点深有体会。

今日事，今日毕。不要有丝毫犹豫。

不用去考虑“我该从哪件事开始着手”。但凡想到的事，就按顺序一件一件做下去，这样才会无悔于人生。

3

无须配合周遭，彻底守住自己的抗拒心

我想告诉迷茫无助的你：

“不必总想着成就大事。珍惜你内心深处时不时出现的‘小小抵抗运动’，不忽视它，不将它打压下去，这就足够了。”

这种抵抗运动就是你的抗拒心。

如果你心中浮出“我其实不这样认为”的想法，我希望你可以重视这份有感而发的与众不同。

“必须和他人保持一致”这种集体主义、同伴压力是非常危险的。如果太过在意别人的看法，在真正遭遇危险时，就无法及时依据自己的判断抽身，甚至导致整个团队走向失败。

所以一旦产生抗拒心，就一定要重视它。与此同时，我也希望你能尊重别人的抗拒心。

当对方提出反对意见时，你也许会生气。但不妨将它看作一个新的思路，也许未来有一天你会发现，这是一种机遇，更是意外之喜。

4

不要在乎别人的评价，自己能不能接受更重要

别人怎么想我是他们的事，与我无关。我就是这么我行我素的性格。

也许有人会担心，如果对方是上司或者前辈，一旦说错话，可能会给对方留下不好的印象，所以宁愿选择沉默。但从我年轻时起，就极少有这样的顾虑。因为我一直觉得，前辈不过比我年长几岁，我们的想法并不存在天壤之别。

这或许就是“反骨精神”吧。我从儿时起就一直是这个态度，从未改变过。

我永远不会忘记，那是小学五年级的秋天，我好不容易得到教练的允许，参加了一场棒球比赛。

那时双方分数已经拉开，我方处于劣势且一人出局。教练对站在打席上的我下达指令——打触击球。

“啊？那不就赢不了了？”我想，于是挥动了球棒。

教练把我叫过去，说：“你看错指令了吧？让你打触击球。”

我回答道：“那不是很奇怪吗？”

“别废话，就按我说的做。”

教练的这句话又被我当成了耳旁风。我全力挥出一棒，结果打空了。

我回去以后被教练扇了一记耳光，自那以来，他就再也不允许我上场了。

但我并不后悔。

对于内心无法认同的事，我不想做就是不想做。在这方面，我决不妥协。这种想法在我心中根深蒂固。无论别人怎么说，让我感到可耻的事，我一定不会去做。

5

一辈子也等不到万事俱备的那天，什么都不用想，下定决心就好

在观看棒球比赛时，选手能不能打出好球，在他站上打席前就能知道——从等待区到击球区的一路上，如果选手看起来紧张不安，就肯定无法完成漂亮的一击。

比赛都有压力，想得再多也没用。身处打席时就应该心无旁骛，全力挥出球棒。无论结果如何，总有三分之一的概率能打出好球。

棒球有击球顺序，总能轮到你上场，但在工作、日常生活中却不然，更多时候你需要自己找准时机、主动出手。

“为时尚早，我还没做好准备。”

如果怀有这样的想法，不管过去多久都无法站上打席。不如索性认为，万事俱备的一天或许一生都不会到来，因为总有人比自己优秀。

我不喜欢给自己设置条条框框，有什么想法就放手去做，虽然也曾因此失败过，但还是开开心心活到了今天。

与其担心这个、纠结那个，不如多想想你是否在对自己说谎。可以扪心自问，能做的事你是否都已全力以赴。如果没有说谎，那就放手去做吧。

不要担心，你总能站上打席。

6

没有想做的事也没关系，诚实面对，必会柳暗花明

我想重新和大家说说，我这一路是怎么走过来的。

我从小热爱棒球，从小学到大学，差不多喜欢了13年。初高中以前，我的学习成绩还算不错，可到千叶上了大学后就只能维持全科及格的水平。我印象里也就上了5次课，这着实过分了些。好在有朋友们暗中帮忙，我才顺利毕业。

在大学打棒球时，我一度幻想要是能当职业选手就好了，但因为自身实力有限，加之受过伤，最终没能实现这个愿望。

按理说，这之后我就该沉下心找工作了。可我完全没认真考虑工作的事，只是呆呆地看着同学们一个个早早拿到录用通知书后放肆玩乐。

为什么我对找工作不上心呢？

因为没有想做的事。我也有我的道理——我那时还没有接触社会，连有什么工作都不知道。

我最讨厌对自己说谎，所以一门心思想着：“我没有想做的事，也没有想去的地方。”

但话说回来，如今想想，我还挺庆幸那时的自己比较诚实。正是因为我老老实实地观望其他同学，才有了日后意想不到的转机。

7

在身边人引导下，迈出第一步

那时毕业在即，我还没找好工作。幸而有意想不到的贵人在背后推了我一把。那人就是我每天都要光顾的花店的老板娘。

那时我住在简陋的学生宿舍，房间寒酸单调，绝对称不上漂亮。可即便如此，我也想给生活增添一些色彩，于是每天都会去花店，在它临关门前买一枝花。

慢慢地，我就和花店的老板娘混熟了。“今天都是些卖剩的了，你就拿走吧。”有时她会这么说着送我些花。

那天我们闲聊了一会儿，她随口问了我一句：“对了，中野，你工作找得怎么样了？”

“啊，还没定。”

“这不行呀，你就没有想去的地方？”

“没有。”

“真没有？”

“没有。我也找不到想做的，什么都行吧。”

“那要不然我帮你问问，我有亲戚在公司上班。”

就这样，我被介绍去了位于新宿的百货商场——伊势丹。我的求职之路就在一枝花的引导下，一下子打开了。

8

没有会做的事也没关系，不给自己设限就什么都能做

沉迷棒球的学生每天傍晚都会光顾一家花店，购买一枝花，然后某一天……

在伊势丹的面试中，面试官善意地倾听了我应聘背后这段故事的来龙去脉。

但对于那次面试中最重要的部分——伊势丹究竟是一个什么样的公司，我却一无所知。提到百货公司，我能想到的不过是打工时待过的西武百货。因为我完全没准备，所以考试成绩也就马马虎虎。

“你能做什么？”

“什么都不能。”

“如果能顺利入职，你想做什么工作？”

“也没什么特别想的。”

一番对话后，面试官只能苦笑。

但我最终还是留了下来，这都多亏了花店老板娘和能用发展眼光看待求职者的人性化公司。

不过话说回来，我的待遇还是和那些通过正式考核进入公司的新员工不同。我被分配到一家名叫 MAMMINA 的刚成立不久的子公司。MAMMINA 后来开展过“ANNA SUI”“KEITA MARUYAMA”等品牌的女性服装业务。这就是我迈向时尚界的第一步。

由于公司刚成立不久，所以什么工作都得做，让我觉得格外有趣。因为不设限，没什么特别想做的，我才获得了这样的好运。

9

公司不过是一个办公场所，不热爱公司也没关系

工作是为了什么？

答案只有一个。那就是“为了自己”，而不是“为了公司”。“为了家人”这个理由也有点儿怪。

一个人之所以会做眼前的工作，是因为他喜欢，并且能从中感受到快乐。

公司本来就是人创造出来的体系，是人为了快乐工作而使用的工具，并非一早就存在于自然界中，说到底不过是一个办公场所。如果人被公司驱使，就着实本末倒置了。

在我看来，一个人为了公司而不惜伤害自己的行为有些奇怪。强迫别人热爱公司也不太合理。

我不是在提倡要冷漠地对待工作，而是想呼吁大家要先意识到“人是在给自己打工”。

如果有段时间你想沉迷工作，那么加班到再晚都可以。我年轻时就有类似的经历，会彻夜留在公司加班，但那是因为无论如何都想当天做完某些工作，因为想做才那样做，所以丝毫不觉得痛苦。我并非在工作中挣扎，而是沉醉其中。

人才是中心，公司不过是工具。请大家不要弄错两者的关系。

10

一味前进很危险，要有随时可以放弃的勇气

汽车之所以能安全行驶，是因为设置了油门和刹车。人也一样，需要明白什么时候前进、什么时候停止，要权衡好两者的关系。

人们总会出于好意地劝年轻人多尝试各类事物，其实年轻也不可一味前进而不管其他。

要随时留意周遭的情况，如果觉得哪里不对就要及时停止。一旦意识到“再这么下去就危险了”，就要毫不犹豫踩下刹车。

因为无论何时开始做某事，成功的概率都不过1%。而懂得适时停下，才能保证安全。

大家不妨将“不断前进”和“随时可以停下”放在一起思考，这样或许能更轻松地迎接下一次挑战。

11

无须设立目标，如果过度努力而不得，放弃就好

开始的勇气很重要，放弃的勇气也同样重要。

如果问我，怎么才能知道什么时候该放弃？我会回答，大概是察觉到自己过于努力的时候。

人要从整体上把握事态的发展，不能只拘泥于细节。如果觉得哪里有些勉强、不自然，好像自己都不像自己了，就差不多该停下来了。

人在放弃一件事时，遇到的最大阻碍就是过去的自己。我见过太多因此受阻的人，他们说着“好不容易走到这一步了”，让日复一日的积累成了沉重的绊脚石。

大家不妨思考：一直执着下去是否真的有结果？

周围的情况真的完全没有发生变化吗?

“设定高目标并为之奋斗”这种富国强兵的精神是以明治时期的需要为前提提出的。如今，日本早已走向成熟，人们有了更多的支配权，即便抛弃那样的目标，也能为了眼前的幸福和期待活下去。难道不是吗?

12

根本不用考虑 5 年后，享受今天，专心做自己着迷的事

我在入职伊势丹几年后，因为和前辈发生争执离职了。起因是我一向心直口快，想到什么都会直截了当说出来。

那时我们的竞争对手是三越。人们从新宿车站出来后，会先经过三越，然后才是伊势丹。所以在我看来，和三越摆放同一品牌的商品意义不大。

“这么下去肯定不行呀。”

我对前辈坦言心中的想法，对方却好像一下子生气了。不明就里的新人丝毫不让步，结果引发了争执。最终我只能离职。

人生会发生什么，还真是无法预料。不过我并不

留恋这家好不容易才进去的公司，因为最初入职时我就不知道能做什么，也没考虑过 3 年、5 年后想做什么。

在我看来，重要的是今天能快乐工作，如果有什么事自己能做，就全力以赴做下去。职场生活只是这样的简单循环。

对于未来，我也没什么明确的规划，不是都说糊涂人反而能成大事吗？

此外就是每天的小幸福。比如，我会想：“隔壁部门的女孩长得真可爱啊！下次约她吃饭吧。”我将这种微小的期待当作日复一日的动力。

13

世间并无安定，不断变化才是自然的法则

现在的年轻人似乎总向往安定。比如，在飞速发展的社会中，很多学生在求职时更倾向于稳定一些的职业。对此，我想说的只有一点——世间并无安定。

没有哪个企业可以一直经营下去，即便是地方公共团体也有消失的一天。

从本质上看，我们人类赖以生存的大自然本就在不断发展、变化，而今天和明天也并不相同。以日为单位、难以察觉的微小不同，会随着时间的积累产生翻天覆地的变化。

在这样的世界里，人们需要的并非追求稳定的心，而是应对变化的能力，是在感受到凛冽寒风时可以立刻停下脚步的能力，以及瞬时改变前进方向并重

新洒脱迈步的能力。

我由衷地希望年轻人能意识到这一点，并将自己打磨得足够强大，足以应对任何变化。

14

人的一生微不足道，放在宇宙的眼中，不过一瞬

“我想下定决心做一件事，但一直没有勇气。”如果你还在这样犹豫，不妨换一个思路：

地球之外，宇宙浩渺。从宇宙俯瞰地球，自己的人生又算得了什么？简直微不足道。人这一辈子，从出生到死亡，放在宇宙的眼中不过一瞬，甚至比不上一次眨眼的时间。

世人皆是如此，只要存在于世就没有特例。大家都是一粒微尘，谁都不可能创造出一直造福社会的东西。

如此想来，是不是就能放松心情挑战各种事物，鼓起勇气迈出第一步？

“想成为一个对社会有用的人”这个想法本身就很奢侈。当然，人还是应该为了这个目标不断努力，但我更愿意心存感激地享受每一天的幸福时光。

就算职场失意，也不意味着明天会死。大家不妨趁着还年轻，还有很多犯错的机会，卸下肩上的压力，放手一搏。

日本商界别具一格的奇人

隈研吾
建筑师

□

我大概是10年前认识中野先生的。有一天他突然来我的事务所，说“想见一见隈先生”。那时恰逢寺田仓库在天王洲声名鹊起，我本就对这件事颇感兴趣，正打算借此机会和他认识。结果认识没多久，就发现他是个十分有趣且与众不同的人。

中野先生是日本商界别具一格的奇人。我可以肯定地说，他在作决定时，十分重视自己的直觉。一旦心中出现“这样不错，就这么办吧”的想法，就不会动摇。这是因为他从心底相信自己的判断与感受。

我也做过不少建筑设计，在项目推进的过程中，常对日本企业特有的“集体讨论后再选出最优方案”的做法感到不解。或许正因如此，我越发钦佩中野先生的决策能力，觉得领导者就该像他那样。后来我们两个人越聊越投缘，关系一直不错，也经常一起吃饭、一起旅游。

品位的本质

我和中野先生聊过很多，其中令我印象深刻的话题是关于品位的本质。

“隈先生，这里的餐厅不错吧，空间感也好。无论是建筑本身，还是装饰装潢，甚至音乐、餐具、服务员的着装都搭配得恰到好处，所以食物自然也十分美味。在我看来，建筑与美食相辅相成，它们彼此呼应、相互联系。”

我对中野先生的这番话深表赞同。在同样的构思基础上，想要设计出更完美的建筑，就要考虑到环境、音乐、美食等。自那以来，我就有了这种意识。

活出自我

如果问我为什么觉得中野先生活得十分有品位，我的答案一定是“因为他活得足够自我”。

世界上的人可以分成两大类，一类强调个性，一类迁就他人，这与他是否从属某一组织、机构无关。中野先生自然属于前者——不，他无疑是前者，所以我十分钦佩他。

未来是彰显个性的时代。如果想要在世界的广阔舞台上大显身手，就必须强调自我，果断地作出决定并付诸行动。中野先生就是这样一个人，在这方面可以说是日本人学习的典范。

如今，中野先生活跃在中国台湾，和中国人也建立了良好的信任关系。我曾多次和中国人合作，深知中国人在工作中十分看重人与人之间的情谊。而中野先生个性直率，愿意坦言自己内心的想法并采取相应的行动。我相信他一定善于跨越国界，与人建立互信互赖的关系。

自己作决定，自己担责任

中野先生能凭借直觉作出即时判断。在我看来，这份自信源于他多年以来的经验。他曾和我说过，他年轻时一度借钱开店，甚至刚去一个完全陌生的国家，就要立刻开展业务。

之后的结果是好是坏？谁都无法预料。但中野先生一次又一次接受这样的挑战，也习惯了自己作决定，自己担责任。他能敏锐地捕捉到时代的潮流，进而迅速调整自己的状态。至少在我看来，他就是这样一个人。

他还和我说过，他和父母的关系一般。我记得他说："我在陌生的环境中长大，但幸好身边的大人们都很疼爱我。"

正是这番话，让我理解了中野先生内心深处或许最为本质的东西——因为从心底相信他人，将人与人之间的牵绊看得尤为重要，才有了今天的中野善寿。

如何才能像中野先生一样潇洒地活着？应该从哪里着手改变？

对于想要追随中野先生的年轻人，我的建议是不妨去国外旅行。

给自己一些时间，一个人站在异国他乡的土地上，倾听内心深处的声音。

即便对于今天的我，这种时刻也是弥足珍贵的。

这是打磨直觉、活出自我的第一步。

隈研吾

1954 年出生，硕士毕业于东京大学建筑学专业。1990 年成立隈研吾建筑都市设计事务所。2009 年至 2020 年担任东京大学教授。

1964 年东京奥林匹克运动会期间，曾目睹丹下健三设计的代代木国立综合体育馆，深受触动，自小便立志成为一名建筑师。大学期间，师从原广司、内田祥哉；研究生期间，曾穿越非洲撒哈拉沙漠进行村落调研，被村落的美与力量所震撼；在哥伦比亚大学做访问学者归国后，于 1990 年成立隈研吾建筑都市设计事务所。迄今为止，已在 20 多个国家做过建筑设计，获得日本建筑学会奖、芬兰“自然之魂”木建筑奖、意大利国际石造建筑奖等诸多奖项。追求融入当地环境和文化的建筑，以人性化的尺度、柔和细腻的设计见长。此外，也在不断探寻可以取代钢筋混凝土的新型建筑材料，寻求工业化社会之后建筑发展的新方向。

ぜんぶ、すてれば

ぜんぶ、すてれば

第 2 章

拥有并不会产生稳定，舍弃才能自由

15

培养舍弃意识，从了解好恶开始

“什么应该舍弃？什么值得留下？如何培养这种选择意识？”

有人曾在采访时这样问我，大概是觉得我扔什么都不会犹豫。

说实话，我也不知道自己是否具备这种辨别意识。不过有一点我可以告诉大家：当我迷茫时，我会先明确自己的好恶。

当然，有些话不用当场言明，理由也可以随后补充。先跟着感觉在心里作出喜不喜欢的判断，比如，我喜欢这个，或者这种做法我不喜欢。

最初或许需要勇气，可如果不鼓足勇气迈出第一步，就无法掌握主动权、形成自己的主见。

那我又是从哪里学会辨别自己的好恶的呢？回想起来，大概是从小时候祖母教我简单插花的时候。

喜欢什么花？想剪掉多少？从什么角度插比较好？中意什么样的组合？

插花有无限种组合，我必须自己作决定。如今想来，那或许就是我成年后懂得“相信直觉判断”的起点。

16

与其舍弃，不如不拥有，无论车、房，还是表

在进一步讨论舍弃这个话题之前，我想先向大家声明，在我看来，生活中有些东西其实从一开始就不必拥有。

我在中国台湾有家，但房是租的。家具也极简，够日常使用就行。而在日本工作时，我总住宾馆之类的地方。

我没有车，也对价格高昂的手表不感兴趣。如果只是用来提醒自己在规定时间内完成工作，一块液晶手表其实就够了。

我的日用品一点儿也不高级，衣服都是在亚洲各地工作时随手买的，随时可以丢弃。食物就选便利店的新产品，这样最省心。能在聚餐时大饱口福，我就

相当满意了。

很多人对此表示不可思议："您的事业蒸蒸日上，买些东西丰富生活也是绰绰有余。"

但我确实不在乎这些。

如果不曾拥有，生活就不会被物质掩埋，更不用去操心买卖土地、房屋时的那些复杂手续。真要遇到灾难，也少了一份牵挂。

最重要的是，我享受这种无物一身轻的生活方式。

17

拥有并不会产生稳定，舍弃才能自由

购买房屋、建造房屋，拥有一处住所似乎成了现在很多年轻人的目标。

但我完全没有这样的需求。我现在租房、住宾馆，从没觉得哪里不方便。

为什么要买房子呢？

大概房子能给人一种安定感，觉得“无论什么时候，我都能回到这里生活”。但换言之，这也意味着“无论何时，我都被这里束缚”。

事实上，当台风、水灾来临时，人们应该尽快从屋里逃出去，但每次灾难中都有人因为担心房子而想要留下来。

为了房屋舍弃性命，实在是本末倒置。我不禁疑惑，这难道不是让生活变得更加不自由了吗?

我有一位朋友刚建好他的独栋小楼就遇上了阪神大地震，这让他悲叹不已。我认识很多这种一夜之间失去房子的人。

拥有物品并不会产生安定感，反而会让人徒增不安。所以，我崇尚“无论何时都能搬走，无论在哪里都能马上开始全新生活”的生活方式。

在我看来，人就应该活得轻松一些，这样才能给自己创造更多可能。

18

连回忆都可以舍弃，因为毫无用处

回忆真是不错啊！我自然也有视如珍宝的回忆。但不能因其珍贵，就被其束缚，这就不好了。

越是美好的回忆，越不能过度沉迷。如果执迷于过去，回忆就会成为一种先例。

人们会想要做出与过去类似的选择。一旦没有先例，就变得束手束脚，什么都不会做了。这就更不好了。

先例会束缚未来。在不断变化的现代社会，它会成为一种桎梏。

我想成为一个无论何时都能点燃思想火花的人，所以连回忆都会舍去，不回顾过往，始终追逐从未见过的景色。

19

随身携带的，只要一个小提包就够了

想要开始轻松的生活，最简单易行的方式就是换一个小的提包。

我在搭乘飞机时也不会拎大行李箱，只需要一个可以手提的、尽可能小的包。

无论走到哪里，我都带着小包出行。

包里放的不过是内衣、袜子、平板电脑、家里的钥匙和眼镜。出差时穿的衣服可以在当地买，反正每个地方最多停留四天三夜。此外，还会带手机、小钱包、薄薄的记事本，以及乘坐飞机时需要的证件，这些就足够了。

当你决定只带一个包，只要选小的包，带的东西自然就少了。因为容量有限，只能精简行李。假如你要拿两三个包，甚至拖上行李箱，多出来的空间就足够装上一堆了。

如果从一开始就设定好包的大小，决定“只能带这个”，自然会放弃一些东西。想买新的，就必须丢掉旧的。

随身的行李不断变换，会让人觉得新鲜且舒畅。况且还不用担心行李托运，也省了等行李的时间。

只有一个小提包的生活，你觉得如何？

20

舍弃计划，给灵感留白

我的记事本一片空白。

我一直随身携带的本子里只记录了停留国的航班信息，其他的具体日程向来交给秘书处理，而且我还拜托她“尽量别安排得太满”。

负责作决定的管理者要时刻留意周围的信息，也要给自己留出空闲，以便随时可以和人进行商谈。

如果把日程安排得精确到分秒，重要的信息就进不来了。

一闪而过的灵感很多时候来自复杂信息的意外组合，比如“没准儿刚才看到的 ××，就和两周前说的 ×× 有关”。

所以我觉得要有意识地给自己留出发呆或思考的时间，这非常重要。即便当年我在一线工作时总是忙得脚不沾地，也会定期给自己创造出“什么都不做的时间”。

大家不妨也试试，抽空发发呆、喝喝茶。

21

舍弃应酬，不用费心扩展人脉

在很长一段时间里，日本的企业都强调酒桌文化——每天工作结束后，一边喝酒一边聊天，才能加深友谊。

因为我不喝酒，所以基本不参与这类应酬。年轻时也有前辈邀请我，但每次我都一口回绝。在我看来，只要白天能认真完成工作，就没必要牺牲晚上的时间陪他们。

“但酒桌上没准儿能认识更多人。就算不去应和他们，还是露个面比较好吧。”每当有年轻人这样问我，我总是微笑着回答：“没关系。”

即使不去应酬，你也能十分享受地完成工作。有缘之人定会在某个场合相见的。

你也可以换个思路：和人交往，就一定会碰上话不投机的人。这样是不是轻松一些？

就算你在酒桌上费尽心思和人交往，和你一起工作的也就三五人，最多不过 10 个吧。只要一起共事的有 10 人，就基本能完成大多数的工作。

我更愿意下班后早点回去休息，或者将时间用在喜欢的事、喜欢的人上。比起喝得醉醺醺、第二天上班还迟到的人，我这样无疑更能提高工作效率。

22

舍弃人际交往，只要有能畅谈未来的朋友就够了

在如今这个时代，人均寿命不断增加。如果不频繁舍弃一些东西，肩上的负担就会越来越重。不只随身物品如此，人际关系也如此。

出门在外，我们总能结识新的朋友，恍然觉察时，才发现原来自己需要和那么多人打交道。假如一年能认识 100 个人，两年就是 200 人，三年就是 300 人。但你又不可能与所有人都搞好关系。

在我看来，经常联系的朋友有 10 个就足够了。

愿意继续交往下去的朋友，一定是能和你畅谈未来的人。那些时常抱怨、总发牢骚的，自然而然会离你远去。

人际交往并不是越久越知心。很多时候，我们也能从刚认识的朋友那里学到新的东西。

来者不拒，往者不追。敞开心扉，永远期待结识新的朋友。

23

舍弃习以为常，和陌生人对话，敢于给自己增加“负担”

人一旦习惯做某件事，就会变得迟钝。不动脑，头脑就会越发不灵光。

因此，人要尽可能让自己处于一个不熟悉的环境中。这很重要，我平时也在有意识这么做。

同样是和别人对话，和熟悉的朋友聊天自然倍感轻松。因为你知道对方是什么样的性格，大体能猜到他接下来会说什么，这让你觉得安心。

但假如总是和同一个人见面、聊差不多的内容，大脑就会变得迟钝。所以，人要学会不断给自己增加“负担”。

每当我去一个陌生的城市，就会冲进那里的市集，和店里正在买东西的女士们聊上三分钟。这样的对话更令我兴奋。

“这位女士，你从哪儿来呀？今天有什么推荐的吗？”

“×××。”

“啊，这还挺少见的。为什么呢？”

和她们聊天能让我勤动脑，心态也会变得更年轻。

日常生活中，这样的机会太多了。只要有想法，敢于和陌生人对话，就不难让生活处处充满新奇。

24

舍弃执着，选择精神的自由

有相逢，自然有别离。

尤其在男女关系里，一度结为夫妻的二人在经历了一段甜蜜时光后选择分手，这种事并不罕见。

我对待婚姻的态度是，一旦两个人不能相互理解、彼此认同，不如趁早放手。这对彼此都好，或者说，这样才能让两人在今后漫长的人生中活出精彩，活得更有意义。

分别，是迈向美好未来的第一步。

但事实上，分手时闹得不可开交的夫妻似乎不在少数。这实在是太可惜了。明明一度深爱过对方，一旦离婚诉讼拖长，对彼此的憎恶就不断加深，曾经的美好回忆也会变得不值一提。

为什么双方会闹得不可开交？在我看来，原因之一就在于对物品的执着。“这是我的东西。”“不，是我的。”因为彼此都这么不退让，才会引发争执。

换言之，如果一个人能干脆利落地放弃，就不会走到这个地步。选择舍弃的瞬间，对物品的执念也会随之消失，人也就能对新的事物倾注新的热情。圆满结束这段关系，彼此之间的情谊也能得以保留。

换作我的话，一定会毫不犹豫地选择精神的自由。

25

人和花一样，有对比才能更加突出

世间之物皆因组合被赋予生机或被抹杀光彩。这是我从插花之道中学到的。

花的颜色并不能被它自己衬托出来，而要依靠它旁边的白色或者黄色植物，这种对比非常重要。

人亦如此。正因有旁人作对比，才显得出一个人的特质。难道不是吗？

在选择工作伙伴时，也要尽可能选和自己不一样的人。相似的人反而危险，而且想法一致的两个人在一起工作也没什么意义。

所以我建议找一个能取长补短的伙伴，在安排工作时也要重视组合。

夫妻关系不也如此吗？在婚姻关系中，重要的并非男女双方各具魅力，而是两人在一起能否相得益彰。

这是我一向的观点。

26

舍弃书籍，
因为想要以新鲜的心情再阅读

“如何让自己一直保持轻松的心态?”每当有人这么问我，我总是一口回答“要懂得舍弃”——舍弃，舍弃，毫不犹豫地舍弃。

我一直认为，如果从物质层面养成了舍弃的习惯，那么精神层面也能变得轻松。

比如，有人喜欢将书籍当成收藏品摆放在书架上，但我截然不同。一旦读完一本书，我就要丢掉它(卖给旧书店)。无论它令我多么感动，我也不会留着它。

但好书总能让人燃起重读的欲望，到那时再买一本新的就好。也许有人会想，既然如此，干脆别扔了。但在我看来，读完第一遍的自己和想要读第二遍

的自己是完全不同的。

我想始终保持新鲜感，与全新的知识相遇。每当这样的我翻开全新的书页，心情就会瞬间舒畅起来。

27

衣服可以随时舍弃，因为没有执念，所以不会犹豫

衣服也要舍弃，基本上穿两年就差不多了。

知道我曾经在时尚界工作过的朋友们或许会对此感到惊讶，但穿 5 年前的衣服，就意味着自己仿佛也回到了 5 年前。我不喜欢这样。

事实上，人如果太注重穿着，就会变得束手束脚——这就是我的价值观。

如果有可爱的小孩在我面前玩涂鸦游戏，我并不想煞风景地说："不要乱甩蘸了颜料的画笔，会把新衣服弄脏。"大人需要做的是守护并鼓励孩子们尽情做他们想做的事。

假如你穿的都是随时可以丢掉的衣服，那么你的

行为就不受限制，什么时候都可以放手去做。

所谓时尚，并不意味着只有买高价的衣服才能体会到乐趣。

我一直觉得时尚的精髓在于绝妙的搭配。我喜欢不断更新搭配，时常都有新体验。这种心灵的自由才是最重要的。

28

舍弃过去的痕迹，始终保持新鲜的自己

同届的同学们相继退休，大家的空闲时间多了，聚会也越发频繁。

要是时间不长，我也会参加，能和老朋友们叙旧确实不错。不过要是有人对我说："哎呀，感觉你又和过去不一样了？"我就更加高兴了。

很多人上了年纪后，喜欢听人夸他们"还是老样子"，女性尤其如此。但要是有人这么说我，我就不开心了。因为我想让自己始终保持新鲜。

发型会决定一个人给他人的第一印象。

所以不知从何时起我养成了一个习惯，每隔一段时间就会彻底改变发型。大概每隔 5 年吧，我就会到经常光顾的理发店里，拜托他们“给我剪个完全不一样的”。

我现在是把一边剪短了，剃了个左右不对称的发型。下次要不就用理发器把头发剃光吧？我还在计划这件事。

我认为最丢脸的就是一直保持年轻时的发型。如果始终不愿意舍弃自己过去的痕迹，就会这么做。但事实上，也就他本人察觉不出过去的发型早已不适合他了。

我不想成为一个欠缺人情味的人，在暗地里嘲笑朋友，所以更愿意和他说：“你要不要考虑换个发型？可能更适合你。”

这也是一种善解人意吧。

29

舍弃报纸，看标题、想象内容就好

我只接受最少限度的信息。

报纸是获取信息的来源之一，但我连仔细看报的习惯都舍弃了。

有一天我突然意识到：每天都有太多关于商业、政治的新闻，如果只是想大致了解动态，只看标题不就行了？

最近我总是浏览平板电脑里的《日本经济新闻》电子版 App，点开新闻一览，粗略扫一眼标题就不看了。因为内容差不多都能猜到。

标题是最精练的，通过这十几个字，我就能大体了解文章的内容。也许有时会猜错，但细节有些出入又有什么关系呢？我会留心那些我特别想知道详情的新闻，之后再仔细检索查看。

而且我有优秀的团队，如果什么事情都记在心里，反而效率低下。再说了，我向来记忆力不错，有时过了很久也能想起来某天发生过什么事。

重要的并非已经发生过的事，而是尽可能给自己留出时间思考未来。

30

舍弃导演的安排，自己决定感动之处

成年后，我更偏爱自由度高的娱乐方式。比如，欣赏同一个故事时，和电影相比，我更喜欢读书。

面对只有文字的一本书，人们可以自由地为其中描绘的场景填上颜色。对于在何处感动，又在何处稍作休息、细细品味，读者可以掌握主动权，时急时缓。这种体验十分美妙。

如果换作电影，就很难做到这一点。

电影导演通过调整音乐、镜头表达自己的想法，告诉观众“该在这里感动了”。这也是电影的优势，但我更想自己决定感动之处。

所以对我来说，一本好书没有过多解释说明，而是有留白，可以让读者发挥想象。

换一个人来读，有人会哭，也有人会笑——这样的文章我更喜欢。让不同的读者在不同的点上觉得“这里真有意思啊”，或者有人说好，有人说坏——这样的作品更令我激动。

31

舍弃实物，极致的游戏就在头脑中

我究竟是从什么时候开始喜欢上这种对物品没有执念的生活方式的呢？

细细想来，大概是小时候吧。

小学低年级时，我热衷于一项娱乐活动——在纸上画图。

我会先随便虚构几个站台名字，再用线路将它们连接起来，就这么建起一个又一个车站，接着建起街道，甚至建成国家，还会在街道上画出住宅和商店，再依次给它们起名。

只是这样，我就能玩一整天。根本不需要玩具，有纸和笔就够了。这就是小时候的我。

如果那时有人对我说“给你买个铁路模型玩具吧”，我大概会回答“不要”。这是因为如果眼前摆着逼真的微缩模型，就不能发挥自己的想象力了。

对我来说最好的娱乐方式，是给我留出空间，让我在心里构建起自己独有的世界。如果给我现实世界里做好的模型或者已经有的东西，就剥夺了我从零想象的自由。

极致的娱乐活动，是在我们头脑中进行的。

32

舍弃智能手机，因为不想迷失自我

到街上走一走，你会发现几乎所有人都在看手机。我曾经也用过智能手机，但差不多一个月就烦了，之后就不再用。

为什么会烦呢？

因为信息实在太多，反而让我花了不少额外的时间。

打开智能手机就能上网，各类 App 更是五花八门。结果不知不觉中，就需要处理超出能力范围的信息，长此以往，就会慢慢迷失自我。我很快注意到这样不好，于是就不再用智能手机了。

现在我手里有一部非智能手机，准确来说，是

2018 年再产的 INFOBAR 系列手机。我很喜欢它红、白、浅蓝的配色设计。你觉得怎么样？它很可爱吧——这或许是种自我满足。

当我想仔细浏览信息时，就用平板电脑。为了不打乱自己的节奏，这样的选择最好。

33

用手机看的电影不算文化，调动五感去享受真正的电影吧

很多时候，一些乍一看能给人带来方便的事物其实隐藏着危险，会让人的心灵变得贫乏。

人们一直重视文化，但那些便利之物真的是文化吗？或者只是文明利器？真正的文化或许正在消失。这一问题值得人们不断深思。

看电影也是如此。

我认为只有在电影院看的电影才称得上电影。所以每当我在飞机上看到什么好片子，总会去电影院再看一遍。

通过大银幕展现出来的故事，再搭配上震撼的音效，这才是电影制作人设想出来的观影环境。当人们

置身其中时，才算真的看了电影。

但近来，越来越多的年轻人不去电影院了，因为他们可以轻松地在手机的小屏幕上观看电影作品。

但那真的称得上电影吗？

通过五感而获得的感动才会真的变成自己的东西。

如果有人暗自烦恼：“我总是被其他人的评价影响，无法准确描述自己的感想。”那么我想对他说：“你不妨先去看一次真正的电影。”在大银幕前，一些感受自然会涌上心头。

34

文化就是一枝花，舍弃才是最高级的奢侈

我在前面写过，虽然我学生时代住的宿舍十分简陋，但我每天也要为它买上一枝花。

对那时的我来说，一枝花足以让我的内心丰富起来。这实在奢侈，是极致的自我满足，也是一种文化。

现在的我有一个想法：“如果能让年轻人在房间里挂上一幅心仪的画，过上自我满足的生活，该有多好？”

我想创造出这样的文化。

为了实现这一想法，我构思了一套方便低价艺术作品流通的体系。

我们可以通过区块链技术，建立可靠的个人征信体系，保留买家购买艺术品时的记录。只要合理使用这项技术，创作者就能获得相应的报酬。这绝非空想。

一直以来，只有职业艺术家的作品可以在市面上流通。但如果能建成上述体系，对艺术品的流通方式进行改革，让创作者获得持续收入，也许就能让一些年轻人发挥自己的才华。

而且如果想要挂一幅画，就需要留出一片空间，周围不能有其他东西影响。如此一来，人们自然就要去收拾墙边的东西，丢弃多余的物品。从结果上来看，家里的东西反而少了——这其实更为奢侈。

“舍弃的奢侈”一定会成为今后新的价值观。

本人就是一部指南，他的活法着实洒脱帅气

大西洋
日本机场服务公司　董事兼副社长

中野先生是我极其崇拜的前辈。至于我们是如何结缘的，还得从曾经的伊势丹说起。1979 年，我大学毕业，进入伊势丹工作。那时很多人告诉我，伊势丹集团旗下有个叫 MAMMINA 的公司，那里有位奇人，做事出其不意，但工作能力十分突出。不过到我入职伊势丹时，中野先生已经去铃屋工作了，因此我没能直接向他请教工作上的经验。一直到 30 年后，我有幸成为伊势丹的社长，才真正和中野先生有所接触。

当机立断，决定好的事绝不动摇

有不少企业管理者都让我心生敬意，但其中最令

我佩服的还是中野先生。他一向给人一种洒脱、帅气的感觉，穿着打扮年轻时尚，思维灵活敏捷。他的风格或者说气场，是与众不同的。

中野先生做事当机立断，决定好的事绝不动摇，思路清晰明确，更不会妥协。他不会因为周围人的态度而改变自己的想法，其本人就是一部指南。那种爽快耿直的人生姿态着实洒脱帅气。

我接手现在的工作以来，曾多次和中野先生竞争区域开发项目。这种不谋而合令我倍感荣耀。其中有一个项目，如今正紧锣密鼓地准备开业。中野先生此前也有参与，但中途退出了。他没有明说放弃的理由，但我大体猜得到。一定是项目进展过程中有哪些地方令他不满，而即使已经投入大量资金，只要他决定放弃就绝不犹豫。老实说，我会觉得可惜，会想“要是他能再多等一段时间，没准儿就不一样了……”，但这就是中野先生的行事风格。

兼具创造性和商业品位的领军人物

中野先生在寺田仓库进行的改革也极其精彩。

几乎没有其他的企业管理者能像中野先生那样干脆果决地进行改革。他是兼具创造性和商业品位的领军人物，即便不是公司的所有者，也会不断发挥自己强有力的决断力和执行力。

一直以来，寺田仓库都立足于仓库行业，但中野先生重新审视它的价值主张，对业务类别进行了改革。这一点无疑值得称赞。他不但主张为亚洲富裕群体提供奢侈品的保管服务，还将整个天王洲打造成艺术气息浓郁的街道。这种眼界与格局是与众不同的。他业绩斐然，但我从未听他到处炫耀。

只有能不断调整投资组合的企业才能适应未来的时代。在我看来，日本产业界应该思考如何培养出更多像中野先生这样的领导者。而我自己也希望今后能继续追随中野先生。

富有人情味、体恤他人的性情中人

作为企业管理者，中野先生还有一项特质非常难得，那就是他对文化生活的深刻理解。他深知日本的财富不只是物品，更包括文化。他热爱艺术，不遗余力地支持着那些创造文化的人，也积极打造着日本真正的文化市场。

中野先生做事一丝不苟，如有必要则当机立断地舍弃一些东西。但与此同时，他又是一位富有人情味、体恤他人的性情中人。他虽然不会表现得和谁过于亲昵，但能看透人心，并一直关注、照顾他人。

大概一个月前，我参加一场盛大的聚会时和中野先生遇上了。他竟能喊出我的名字，说出我之前做过哪些工作，还赞扬我是“一位积极参与改革的社长”。这几乎让我喜极而泣，我想我一生都会敬重这位先生。

话说回来，有时中野先生作决定作得太快，我跟不上他的节奏，也有没能奉陪、彼此错过的时候（笑）。

令人折服的生活美学

我喜欢时尚。在我看来，一个管理者的人格也能通过外表体现出来。“外表不重要”这句话并不准确。一个人的穿衣打扮可以体现出他的生活美学。

我很欣赏中野先生的时尚感。他很懂怎么穿休闲牛仔裤，会搭配合体的外套，还会自由组合名牌和杂牌的衣服。中野先生曾说：“穿什么是因为喜欢，想穿就穿了。”从他的衣着打扮也能看出他是一个表里如一、简单纯粹的人。

所以，中野先生给人一种自然、诚实的印象，而这正是成年人的时尚。每次见到中野先生，我都会被他得体的衣着以及从中流露出的生活美学折服。

大西洋

出生于东京。1979年毕业于庆应义塾大学。

曾担任三越伊势丹控股公司社长，2018年6月起任日本机场服务公司董事副社长，同年7月起兼任羽田未来综合研究所董事长兼社长。

致力于为羽田机场内部及周边创造新的价值，打造地区价值，推动文化、艺术的传播。

ぜんぶ、すてれば

ぜんぶ、すてれば

第 3 章

敢于朝令朝改，果断去做，做不到就做不到

35

决定了就果断去做，敢于朝令朝改

一旦我下定决心做某事，就会毫不犹豫放手去做。应做之事就应尽早着手，下达指令就要清楚明确。但根据情势变化，也要“朝令朝改”。

有时早上 6 点交代的事，两小时后就要改。我的员工们也都习以为常：“中野先生虽然现在是这么说，但等过了中午没准儿就是另一回事了。跟着他就得学会随机应变。”

因为你想啊，蒙古的大草原可能早上还是晴空万里，中午就大雪纷飞。气温骤降，人就得换上厚衣服。可等天放晴，温度上升到 30℃，厚衣服就不能再继续穿了。

当情况发生变化时，就必须相应地调整行动。在我看来，一定不能被自己两个小时前说过的话束缚，从而作出错误的判断。

世界上不存在绝对的正确，就连自己的判断，也要从说出口的瞬间保持怀疑的态度。

36

想到的事就要说出来，因为想真实地表达当时的干劲

不管是在工作中，还是在其他什么场合上，但凡我觉得“啊，必须把这件事告诉别人”时，就一定会立刻给对方打电话。

我每天基本 5 点起床，起来后一边心不在焉地看着电视里播放的新闻，一边整理当天需要做的事。大概 6 点半左右，我就会给员工打电话，把想到的事一口气告诉他。

不过说到底，这是我的个人习惯。我会事先告诉对方：“没接到电话也没事，我会给你留言。”

我每天差不多要打 10 个电话。为什么我不发信息，非要打电话，而且还是一有想法就要立刻告诉对方？

因为我不想等激动和兴奋的情绪消失。

每当我有新的想法，就忍不住内心雀跃，但在将想法整理成文字的过程中，燃起的干劲就会逐渐消失。我不喜欢这样。简而言之，我不喜欢打断冲劲。

人可以通过声音的大小、声调的高低来表达情感，这里面承载的信息量远比语言本身要多。

想法就是要开口说出来，而且是想到了就说。

37

做不到就做不到，放弃它，往前进

我经常听到有人教育别人：“要知道工作的价值，好好努力啊！”

这个观点自然有它的道理，但我也觉得，放弃有时是很有必要的。换言之，人要仔细观察自己适合什么、不适合什么。

做不到的事就是做不到，要学会放弃。有时，如果不能放弃某些事，就无法迈出下一步。

如果实在不清楚自己适合什么、不适合什么，也可以通过“想做，还是不想做”这个简单的标准来判断。

明明不想做，却非要一个人承担所有，逼自己无论如何都要咬牙坚持，这可不好。依我看，真正费尽心血的工作，一周能完成一件就不错了。

我不会把事情都压在自己身上；我做不到的事，我会交给比自己优秀的人。这种思维方式很重要。

38

毫不犹豫地放弃

回顾过往，我作出过很多次放弃的决定。

大概 20 年前，我从铃屋辞职，成立了自己的公司。那时我接受了朋友的出资，本金共 6 000 万日元。我租下东京几个商场的 7 家店铺，通过自己的渠道购买商品，再卖给顾客。

销售额其实不算太低，但没过多久我就觉得独创性不够，不应该继续下去，于是决定早早关门。那时距离开业不过 7 个月，有的店铺甚至只开了 1 个月。

银行的分行长劝我“应该再多坚持一段时间”，但我没有动摇。

我坚持道："再继续下去反而要赔钱，会给你添更多麻烦。"我并不觉得 6 000 万日元很可惜。

正是因为我毅然决然舍弃执念，才避免了巨大的损失。这是我的失败之谈，也是我的成功之谈。

39

不要放弃这个世界，保持乐观，重头再来就好

如果客观审视我这些年来的人生，或许可以用“多灾多难”来形容。

我生于战时。因为家庭的原因，我从小在祖父母身边长大。工作没几年我就离职，离开日本，远赴异国他乡重新开始。

我的人生不断重复这一过程——抛弃拥有的一切，重头再来。但我并不觉得我的人生多灾多难。

我不害怕从零开始。即便有人从身边离开，我也从未放弃相信他人。

不应舍弃这个世界，一定会有人伸出援助之手。我之所以能如此笃定，大概是因为我的祖母真的非常

爱我，即便有时训斥我，她也会在之后紧紧拥抱我。

小孩子很喜欢被人抱在怀里，会因此感到非常开心。我小学一年级时，班主任高桥多喜子老师也因注意到我看起来很孤单，经常会在放学后拥抱我一分钟。

这种表达爱意的方式令我终生难忘，因此我也变得容易与别人亲近，对谁都能敞开心扉。

40

没有经验也没关系，自由思考，不管怎样先去做

我入职MAMMINA公司时，对零售业完全一窍不通。

公司的规模很小，大概只有10名员工。或许因为我是新人，所以什么事都得做。我曾参与过商品检验中心的建设，也作为买手负责过进货，还做过市场营销方面的工作。

虽然我毫无从业经验，但也得硬着头皮行动起来。工作都是摸索着进行的，解决问题只能靠自己。

如今想来，当时的我其实十分幸运。因为我没有“贩卖服装就是这么一回事”这样先入为主的观念，所以可以自由思考、发散思维。

在设计原创服装时，我的想法也和当时业内普遍的观点不一样。我提议面料只要一种，颜色最多三个，但尺码要丰富。在我这个年轻设计师和前辈们的共同努力下，这个方案大获成功。

“没有前车之鉴”意味着“一切皆有可能”。这是没有经验的优势。当年在 MAMMINA 公司的成功经历，对我后来的工作方式产生了深远的影响。

41

不能心服口服的事，千万不要囫囵吞枣

我不愿意被我不认同的事情约束。

这么多年来，我一直如此。所以对于一些公司里莫名其妙的规定，我向来是无视的。

比如，上班时间。为什么每天早上9点所有人都要自觉坐在办公室里？明明店铺10点开门，9点半来就行了。我不理解准时到岗的意义，所以经常迟到。又或者是我养成了偷懒的习惯才总迟到？

如今谁都有手机，谁都能上网，在哪儿都能和别人取得联系。但过去不一样。那时我是一个小团队的领导，因为我的出勤时间不定，好像还给别人添了不少麻烦。

当年公司禁止我们开车上班，我就把借来的车停在了客户专用停车场，结果被领导骂了。

“为什么不能开车上班？”

“你还问为什么，要是路上出事故了怎么办？”

“没事的，保险都买好了，要是出事了我自己负责。”

“我是在担心你啊。”

“那您担心的事可太多了，担心我也没用。”

“你小子说什么呢！”

因为别人说什么我都不听，甚至还惊动了大领导。

如今看来，那都是些奇怪的对话，但我就是这么一个人。不管事情多小，只要我不能心服口服，就决不会囫囵吞枣。

那时我是公司里出了名的怪人。

42

不必事事靠自己，只要寻求帮助，总会有办法的

在我工作了大概5年后，伊势丹准备进军香港市场。

那时距离香港回归中国还有很长一段时间，和今天的情况不同。当年没有互联网，给员工发工资也是往海外寄钱，而非直接转账。

似乎有不少人觉得不方便，拒绝出国工作。但当领导和我说“你去香港吧”时，我想都没想就回答“好的，我知道了”。

因为会说英语？不，我其实完全不会英语。也是后来去了那边我才发现这个问题，每天一筹莫展，心里嘀咕“还真挺麻烦的”。

我要在陌生的环境里寻找行业专家，招募工作人

员。需要做的事情太多，却语言不通。于是刚到香港不久，我就遭遇了瓶颈。

我开始思考：就没有什么解决办法吗？

结果我找到当地的日本航空公司，下了班就去人家办公室。等员工结束当日的工作，我就厚着脸皮提出邀约："一起去吃饭吧。"没人理我，我也坚持隔天继续约。

终于有一天，一位比我年长 10 岁的女士对我说："只是吃饭的话就一起吧。"我和她讲了我的情况，她也为我介绍了一些人。就这样，我开始了在香港的工作。

哪里都可能遇见伸出援手的好心人，这实在令我感激不已。

43

如果不能做自己想做的事，留在原地就没有意义

我从中国香港回国后，本打算留在伊势丹继续好好工作。但只过去一周，事情就有了意想不到的发展。

前面说过，我从伊势丹离职了。

离职后，我一度无所事事，但就在那时有人帮了我一把——一家公司向我抛出橄榄枝，问我要不要去他们那里工作。那家公司就是铃屋。

铃屋是日本首家时尚专营店，在 20 世纪 60 年代至 80 年代发展迅速，鼎盛时期曾在日本国内拥有 300 家店铺。

而我进入这家公司是 1973 年，正值它急速上升

时期。我名片上的职位是“社长室形象担当”，相当于如今的品牌策划吧。这个职位还是他们专门为我设置的，好让什么都不懂的我能自由发挥。

那时铃屋正计划在巴黎开展业务，我也有出国工作的意愿，就去了巴黎开店。之后，我又去了纽约，然后返回日本。回国后，我和其他同事一起设计建造了日本首栋时尚高层建筑——AOYAMA Bell Commons 大厦。如今，它已经不复存在。总而言之，我在新的岗位上也随心所欲地做了自己喜欢的事。

完全不用在意别人的眼光。如果不能做自己想做的事，留在原地也没有意义。

44

不拘泥于地点，无论去哪里，做的事情都一样

我入职铃屋后，很快飞往巴黎，再之后又去了纽约。

因为我连外语都说不流利，所以每当我和别人提起我负责在当地开设店铺，别人总会惊讶地反问："你是怎么做到的?"

哎呀，这也没什么大不了的。反正留在日本也不能让我施展拳脚，去国外的城市也是一样。"就和调去大阪工作差不多吧。"我抱着这种心态，去了巴黎和纽约。

到那边后，我第一头疼的是语言。我不会说英语，更不会讲中文，日语也是半吊子。不过说到语言不通，还是我初一开学前搬到青森时更艰难。

无法和人交流，就不能开展工作。所以当时我的第一要务是找到帮手。而无论在什么地方，我都能找到愿意帮我的人。在这方面，我倒是很擅长。

45

不以过去和实绩判断，和能够一起谈论未来的人合作

如何找到一个可靠的同伴，而且还是在语言不通的异国他乡？

我的方法非常简单，但可能和其他人大不相同。

我会找一家咖啡厅，一边打发时间，一边观察其他的顾客。如果有人给我的感觉不错，我会悄悄打量他。一旦四目相对，我就过去聊上两句，对他说："我来这里是因为想做这样的工作，要不要考虑和我一起？"

我很难解释清楚我是如何看准一个人的。非要说的话，就是我可以通过对方眼睛的颜色、眼神的温度来判断，近似一种直觉。我对这个人过去的经历并不感兴趣，因为接下来如何发展，足以彻底改变他。

评价一个人的过去没有任何意义，我也不以实绩评价他人。虽然没有确凿的证据，但我一旦觉得“没准儿能和这个人合得来”，就愿意和他合作。

缘分的开始，就是这样的吧。

46

在意的人，立刻去见

如果不亲眼见上一面，就不知道对方是怎样一个人。

一般来说，工作伙伴也要先见面，要彼此了解后才能知道对方是什么样的人，相互信任，然后在此基础上开展工作。

每当我发现一个有意思的人，就会立刻去见他。

前段时间，我从中国台湾回日本，在飞机上看到一篇报道，一下子引起了我的注意。

报道介绍了一个人，他在神保町经营着一家“不育人的美学校”。我对此颇感兴趣，一下飞机就和对方约了时间见面。

新闻报道的内容是否真实，只有实际见了、聊了才知道。想要迅速理解一件事、了解一个人，就得自己去找一手信息。

所以我的日程会尽可能排得松散，为的就是一旦有什么新发现，能及时见到在意的人。我的记事本也因此一片空白。

如果一直保持身心轻松，生活就游刃有余，能经常接纳新的事物。我认为这样的每一天更加快乐。

中野先生一直都是中野先生

寺田朋子
寺田仓库 品牌负责人

从我记事起，一直到长大成人，中野先生一直是"父亲的好朋友"。每次全家聚会，大家总一起玩。最初的记忆大概能追溯到我小学一二年级，大家去北海道的星野 Tomamu 度假村滑雪。

我大学去了巴黎，学习平面设计。毕业后在资生堂巴黎分公司就职，一度和香水品牌"芦丹氏"的创始人塞尔日·芦丹（Serge Lutens）共事，做过艺术总监。2012 年，我回国到资生堂总公司工作，那时距我离开日本已经过去 13 年。

我很喜欢做设计，也有很多值得尊敬的伙伴。但因为日本大企业向来重视集体讨论，我一直不适应这点，于是选择了独立。那时，中野先生刚从我父亲那里接过社长一职。他对我说：“也来这边帮帮忙吧。”于是我接手了寺田仓库创意、设计方面的工作，直到2016年9月，我成为寺田仓库的品牌负责人。

将美的东西可视化，并传播出去

我和中野先生共事后不久，就发现他对设计的理解度很高。这令我惊讶，也让我感动。我完全不必长篇大论地向他解释“将美的东西可视化，并传播出去”这种价值理念是多么可贵。

中野先生还对我说，他深知创作需要消耗大量的金钱和精力（虽然并不给我过分充裕的时间，笑），所以很尊重设计师的工作。这并非因为我有家族企业背景，而是因为他对谁都一视同仁。

对设计师而言，设计出来的东西都是有生命的，越纯粹，越彰显个性，就越有意思。企业的负责人要把握大局，如果对方能信任、认可我的作品，那就最好不过了。

在这点上，我十分感谢中野先生。他是一位可以凭感觉当机立断的人，对我们这些创作者来说，他给了我们施展才华的空间，也让我们创造出不少满意的作品。他甚至认为“想要提高天王洲区域的附加价值，就必须打造出美丽的街景”，于是将这片区域的电线都埋到了地下。这种眼界非同一般。

在更新公司商标时，中野先生也是当机立断。我甚至不记得他有没有正式和我说过“考虑一下更新公司的商标”这句话。那时我和我父亲、中野先生三人在“T.Y.Harbor”餐厅用餐，我拿出一份草图给他看。他当即表示“就这个了，全部都按照这个来”。这就是总在人前说“讨厌企划书”“结果就是一切”的中野先生的决策风格。

新商标很简单。我将字母“T”从中间竖着切开，摆成日文引号“「 」”的样子，象征公司擅长创造留白的理念。人们能一眼看出其中蕴含的意义，我也为自己能设计出这样的商标而感到自豪。

“希望能和大家协力共赢”

那之后，中野先生也一直坚持重视设计的方针，更新公司网页等工作也都进行得十分顺利。可以说这10年来，寺田仓库在形象战略方面取得了成功，而这多亏了中野先生在背后的大力支持。人们都说接下来是“感性经营”的时代，中野先生正是这个理念的践行者。

我曾经和世界级奢侈香水的品牌设计师芦丹共事。我时常觉得中野先生和他的言行举止有些相似，两人身上都有与生俱来的创造家气质。

但与此同时，中野先生还对数字敏感，兼具经营者的眼光。

合不来的人大概真的和他合不来吧。他自己深知这一点，总向员工强调“希望能和大家协力共赢”。只要是他觉得优秀的人，哪怕是20岁的新员工，他也会委以重任。这让公司的其他人惊讶不已。

喜欢落实到行动，无法停下脚步

作为寺田家的一员，我再和大家说点儿内部消息吧。外人似乎总觉得“中野先生是为了完成他自己的想法，才大力改革的”，但我不这样认为。他经常和我父亲、我哥哥沟通、交流，也顺利完成了上一任社长，也就是我父亲的嘱托。

中野先生常说：“我没什么想做的事，只是完成必须要做的事。”所以在我看来，他是一个喜欢落实到行动、无法停下脚步的人。

还有一点让我觉得中野先生很厉害，就是无论他去到哪里、和谁见面，都能秉持自我、始终不变。他总在海外奔波，但一直不擅长外语。每次和欧洲、亚洲的重要人物交谈时，他都需要翻译帮忙，但他从不胆怯，态度也和平时一样。日本企业家总喜欢说“我明白您的意思了，待我回去考虑后，再给您回复”，但中野先生不同。他总能当场给出答复，这样一来，工作也能更加顺利地开展下去。我想他一定深受外国人的信任吧。每次公司里有什么事找他商量，他也能迅速解决。

无论对方说什么，中野先生都不会动摇。他有强烈的自我意识，但也极具人格魅力，深深吸引着与他初次见面的人。作为领导者，中野先生确实心胸宽广。

但与此同时，我也觉得他为人细心，能敏锐地捕捉到对方的情绪。此外，他也有不擅长的领域。

中野先生在经营方面的判断力是卓越的，但对于自己的健康管理却不上心。他喜爱甜食，甚至曾不顾体检前的饮食限制，偷偷吃了6个大福，惹怒了医生。自那以后，他的秘书就限制他“每天只能吃一块点心”。他吃面包从不吃面包边，像个小孩子似的。

就在刚才下笔时，我想起中野先生在拜托我写这篇文章时笑着嘱托：“别总是夸我，也说点儿不好的。”那我就故意说点儿他的“坏话”吧。

寺田朋子

TETE BRANDING 有限公司代表。曾在巴黎 ESAG Penninghen 学习平面设计。毕业后一度成为自由职业者，后在奢侈香水品牌“芦丹氏”担任艺术总监。以“进入资生堂总公司”为契机回到日本，任资生堂国际品牌的艺术总监。2014 年成立 TETE BRANDING，在品牌、广告、设计等领域开展业务。2015 年作为设计总监进入寺田仓库，参与品牌重塑工作。2016 年 9 月，任寺田仓库执行董事至今。

ぜんぶ、すてれば

ぜんぶ、すてれば

第 4 章

永远聆听现场的声音

47

拜托了别人，就要信任和放手

面对我每天一大早就丢出去的烦冗工作，我优秀的员工们总能有条不紊地处理完毕。

想来这也是应该的，因为我太过了解他们的能力。同样的事要是我自己做，可能慢很多，所以才会找来他们。

可有时我半天前交代的事迟迟没有进展，也让人心中焦躁。不过是“把我的观点用简单的关键词总结一下”这种小事，就让我等上半天。但求人办事的是我，除了忍耐，也没其他办法。

不过话说回来，他们有时也会超出我的预期。原本计划需要两个小时完成的工作，结果一个小时就做完了。这种时候就得好好表示感谢。

做得好就给予褒奖，做不完也只能等待。如果不这样，就永远无法将事情交给他人。要是一个人扛下所有，反而不能专注于真正该做的事。

想要有所作为，就必须学会用人。

48

即使快 1 秒也要尽早决定，作决断是社长的工作

部长有部长的职责，社长也有社长的职责。

社长需要对公司今后的发展作出判断，所以不能将“你看着办吧”之类的话挂在嘴边。身为社长，要能随时说出自己的想法——“这样试试看吧”“也可以那样试试”。

所以对社长而言，决断力是非常重要的，而且要当机立断。如果想要全公司的人都能在工作中游刃有余，社长就要尽可能早地作出判断，给员工指明方向。

倘若社长本人举棋不定，事到临头才给出方案，工作就无法顺利开展下去。这样一来，不仅白白浪费了时间，用于工作的时间也会减少，产品质量自然下

降。而且在他犹豫的同时，周遭环境不断变化，得出的结论更容易出现偏差。

当机立断，是社长最重要的职责。

49

不用事事报告，也不用企划书，要的只是结果

我从年轻时就觉得，别人交待给我的工作很无聊。

我成为社长后，就将具体的工作尽数交给员工。他们不需要事事联系我，也不必随时向我汇报、同我商量。我不想听这些，只会告诉他们："想怎么做随你。"

此外，他们也没必要为了征得我的同意，特意写一份企划书，只要和我打声招呼、聊一聊就行。

"啊，你的想法不是挺好的吗？试试看吧。""事务手续得和管理部门沟通。"我说的只有这些。

书面请示是很消耗精力的。为了进行一项工作，反而要先花时间在这些繁杂的手续上面，实在是浪费。

大家听我这么说，是不是觉得我特别好说话？其实，我对结果要求很高。怎么做是你的自由，但如果不出成绩，或者不能给我满意的结果，我就会降你的工资，长此以往，也会考虑辞退你。

人与人彼此期待，才能开展工作，要不断考察对方是否能胜任现有的岗位。

如果一个人在公司待了很多年，却没有提出新的方案，我觉得就没有必要再一起共事下去了。

50

把握现金流，简单判断

我的记忆力向来不错，尤其擅长记数字。只要是听过一遍的数字，基本都能记住。

我能清楚地记得公司的销售额、利润，连它们是几年前的都能清晰地回忆起来。相关负责人对此十分惊讶：“您怎么能记得这么清楚？”

我想大概是因为我记数字从来都是把握它的流动情况。会计有各种各样的技巧，但整体金额是增是减却做不了假。增减背后必然有原因。

我每次查看公司的经营情况时，总会说：“把集团所有的账簿都拿过来。”我会把全部账户的余额加起来，再和半年前的比较。

从我们公司的规模来看，出现 3 000 万左右的差额算不上大事，但倘若半年前有 32 亿日元，如今却只剩 20 亿日元，就说明一定有什么关键的地方出了问题。

在我看来，如果能把握现金的流动情况，就不会作出太离谱的判断。

51

公司和团队能生存下来才是王道

我会相信别人，也会对他人的表现抱以期待。但每次评价对方的成果时，可能就会十分严格。

我一直和寺田仓库的负责人交好，在任寺田仓库的顾问期间，一度毛遂自荐："让我来试试吧。"结果2011年成了寺田仓库的空降社长，一干就是8年。在此期间，我进行了大力的改革和彻底的业务转型。

那时也有人不理解我的做法，我就劝他们换个工作："有那么多公司，不如找个更适合自己的。"

我不认为我当年的判断是错误的。无论是公司还是团队，只有生存下去，才能日后报恩。常言道，死后万事空。正是这个道理。

我的前公司在我离职后逐渐走向没落。正是因为亲眼见过这种事，我才越发在意生存。

如何生存下去？如何才能成为被别人期待、看好的公司？经营者应该首先考虑这些。如果总是看别人脸色，想着“别人会怎么看”之类的问题，就会耽误时机。

52

根本谈不上培养下属，而是努力追上他们的步伐

我在铃屋时，工作环境自由，想做什么就做什么。但由于我一向不会说话，还不守时，女朋友也换过不少，所以作为员工，大概只能算得上五流人才。

公司当时发展得不错，转眼间壮大起来，我的下属也不知不觉增加了。在我离职前，竟然有 2 000 多名下属。可身居高位的我却没有“下属众多”的意识，只是觉得和自己一起工作的同事变多了。

我认为自己是个挺随意的人，不会狂妄到说出“培育人才”这种话。我对上级不怎么客气，与此同时，对下属也没什么威严。所以根本谈不上培养下属，不如说我希望他们能拉着我更上一层楼。

我很开心能和比我优秀的下属们一起工作，我会努力追上他们的步伐，尽己所能，共同进步。

53

人生的航道是顺其自然

从我将生活的重心转移到中国台湾，已经过去不止 25 年了。

这片土地富有人情味，总让我想起熟悉的田野生活，与我的性格很合得来。不知不觉间，我就开始了在这边的工作。等我回过神来时，竟然已经过去这么多年了。

我去海外生活的想法，最初可追溯到铃屋时期。那时公司正值上升期，已在公司 17 年的我还被任命为团队的负责人。然而，我却觉得公司里没有了我的容身之处。

那时总有人约我，也时常有人给我打电话，想私下里打听某件事进行得怎么样了。说实话，这让我内心烦躁。

周遭环境不断变化，还不是朝着我所期待的方向发展，于是我决定离职。

一旦下定决心，我就立刻行动起来。离职的第二天，我前往机场，一眼看到飞往新加坡的机票，就买了票坐上飞机。

在我看来，想要彻底消除在日本的职业痕迹，最快的方式就是直接从日本消失。

那时我一门心思想着以后就在新加坡生活，但巧的是，那趟飞机经过中国台湾，在台北停留了一个半小时左右。在台北落地后，我感觉这里也不错啊。

就这样，我到了中国台湾，住了下来。

只要能干脆地舍弃过往，就能迎来一片崭新的天地。

54

感兴趣就去拜访，无论哪里，都有新的转机

我从铃屋离职后，只是碰巧在中国台湾转机，就顺势留在了那里，一点儿当地人脉都没有。不用说新的工作岗位，就连那天晚上在哪里过夜都没想好。

或许很多人不相信我说的，但确实不假。

因为无事可做，我只能在台北的街头闲逛。走着走着，我看到街角一栋颇有气势的建筑。

我走近一些，看清上面的标牌，才知道原来这里是台湾地区领导人办公室，再往里面走走，又看到一栋日本风格的建筑，上面的标牌显示里面是当地的经济主管部门。

“咦，还有这样的地方啊。”

我兴致勃勃地打算走进去，却被警卫拦住了。

“你预约了吗？”

“没有。这里看着挺有意思的，我能进去吗？”

“今天谢绝参观。”我听他这么一说，更感兴趣了，于是越说越离谱。

“我的工作有助于这里的发展。有没有合适的人？让我见见呗。”

“没有预约就不行。”

“5 分钟怎么样。”

“都说了不行。”

“真是小气啊！”

就在我和警卫荒唐地对话时，有人恰巧经过——我又一次在关键时刻遇上了帮我一把的有缘人。

55

拼命活在顺其自然的瞬间

就在我和警卫纠缠时，一位女性突然用日语问我：“怎么了？遇到什么麻烦事了吗？”

我向她解释了事情的原委。女士说道：“那你一会儿找我聊聊吧。现在不行，两个小时后你再来。来这个地址。”

她说着递来一张名片，上面竟然写着“局长”。

“那个人原来这么厉害啊！我还真是幸运。”我一边这么想着，一边在外面喝茶打发时间。

等我再去拜访时，我被领到一个房间，刚才的那位女士就坐在房间里。

“我只给你 15 分钟时间。你来这里能做什么？用英语讲一下吧。”

“啊？不能用日语吗？”

“我日语听力不是很好。”

哎呀，这下完了，我又说不好英语。

我一边擦冷汗，一边磕磕绊绊讲完了。

她回答道：“好的，我知道了。还有什么明天再说吧。你住的酒店在哪里？”

“我今天刚来，还没订酒店。”

“这样啊。那我帮你订吧，明天到这个地方。”

就这样，她将我介绍到了当地的生产力中心。那是针对企业经营者的一个辅导机构。再之后，我被委托在那里进行集中讲座，被学员们称作“教授”。

56

心血来潮开始的事，却有了意想不到的发展

我没预约，信口说完一番话，就成了“教授”。

我究竟说了什么，事情才会发展到这一步？大致是这样：

中国台湾作为制造业的生产基地日益发展起来，但如果只是低价出售高品质物品的话，永远比不上日本。工业革命后，我们亚洲人总被英、美人使唤，但是我们真的甘于一直做世界的代工厂吗？难道不应该想着将更有价值的东西卖出去吗？

而当时，美国军方似乎显露出了开发互联网的迹象，也有预测指出，接下来会是直复营销的时代。

总而言之，我说了一番大话后，越来越收不住，

就这么摇身一变，成了一周上课 5 天、每天 4 节课的“教授”。

我没什么教学计划，想到什么就聊什么，却意外地很受欢迎。回过神时，我的学生变成了 50 人、100 人，教室也换到了大教室。

心血来潮开始的事，却有了意想不到的发展。而这之后的事更是出乎我的意料。

57

挑战新事物，不行的话，也没办法

我机缘巧合开的课出乎意外地广受好评，每周都有来自不同企业的学员听我讲课。教室的规模不断扩大，课程持续到第 8 周、第 9 周……

某一天，我一如既往上课，一个学员对我说："老师，您要不要来我们公司？"

他来自力霸集团。我应邀进入他们的经营团队，成为百货部门的负责人。

后来我又去了远东集团，也是受到学生的邀请。他们给我安排了 24 小时轮班的优秀秘书，可谓无微不至。

无意间，我一转眼就成了远东集团旗下重要公司的首席运营官，这实在出乎我的意料。虽说我做过百货行业的工作，但我在伊势丹时只在分公司干过，做的也只是一小部分工作。也就是说，我又要重新迎接挑战了。

我一边觉得不可思议，一边还是在当地住了下来。因为我很喜欢当地人的气质和文化。这里温暖、舒缓的氛围让人格外惬意。

有句话常被台湾人挂在嘴边，那就是“没有办法”。意思是想做什么却没有方法，有种“努力过却还是不行的话就只能放弃，然后再迎接新挑战”的爽快感。我很喜欢这种不过分执着的价值观。

58

职位这种东西不值得骄傲

我对出人头地没什么兴趣，但不知为何，不知不觉间就挂上了如今的头衔。

不过公司里没有一个人会喊我“社长”。因为我早就交待过，无论头衔怎么变，喊我“中野先生”就行。

我跟大家说：“可能今天我碰巧是社长，明天没准儿就辞职去公园做清洁工了。”

事实上，公司的职位不过是一个位置，只是用于划分不同的责任范围。它和人格完全不是一回事，不能因为是社长就颐指气使。

即便说能当上社长就代表很有本事，但世界上有那么多社长。据统计，只是日本国内就有超过 400 万家公司，这就意味着有相应人数的社长。董事就更多了，大概得超过 1 000 万人吧。

只是处在一个很常见的位置上，又有什么可值得骄傲的呢？再说了，社长也得换届、卸任，不可能一直是一个人。

“中野先生现在是什么职位？专务，还是常务？”

让员工费心考虑这些也不好吧，所以喊我的时候加个“先生”就行。

59

如果是我，会这样做：用批判精神磨炼工作

女性服装、海外开店、百货店、仓库经营……回顾过去，我总和陌生的领域结缘。

但我从未因为没做过而心中不安。这大概是因为从年轻时起，我就对前辈和管理层的做法持批判的眼光，或者说会习惯性思考如果是我的话，会怎么做。

工作以外的时间也是如此。比如同学聚会时，我会一边和大家畅谈，一边心里琢磨："我们来的这家店，如果这样改造一下，应该能吸引更多客人。"

我20多岁在MAMMINA公司工作时就是这样。如今想来，那时的我实在是狂妄。

即便面对前辈，我也会直截了当地说："那是不

对的，做法太奇怪了。”然后说出我的想法。

前辈训斥我：“你小子，行了，就按我说的做。”我也置若罔闻，我依然会按照自己的想法完成工作，事后再报告，结果又惹怒他们。

我每次参加 MAMMINA 公司的老员工聚会时，总会被当时的女同事们取笑。

“中野就像个三岁的孩子。明明是工作，却只忠于自己喜欢的事。”

我装糊涂地反问：“那是优点吧？”

对方又打趣地叱责我：“当然是缺点啊！”

60

重新审视现在拥有的资产，答案自然就会浮出水面

寺田仓库成立于 1950 年，当时用于储存政府的大米。

凭借水运发达的优势，寺田仓库一度发展稳定。但随着日本国内物流业的发展，飞机、卡车逐渐代替船舶成为主流运输工具，物流的种类、体量也不断增加，业务面单一的寺田仓库逐渐面临困境。

我接过前任社长的接力棒，成为空降社长时，其实从未想过改革这种大事。我考虑的只有：如果我们换个全新的思路，创建一家新公司如何？

如今的寺田仓库在天王洲拥有的仓库面积加起来共 10 万平方米。如果只是将它用于物流业，把它当作一个普通仓库的话，根本比不过那些仓库面积更

大、更具地理优势的对手。那么该如何提高现有资产的价值呢?

我重新思考后，认为不能将它看作仓库。寺田仓库原本拥有的资产是不动产，也就是场所，是空间。

如此一来，答案自然浮出水面。

61

提高价值的想法
孕育出各种各样的改革

我将过去的成绩和眼前看到的一切尽数舍去，戴上透明的眼镜，站在了现场，然后深入思考，如何让寺田仓库生存下去。

这里空间开阔、交通方便，而且距离机场很近，那么最能提高它价值的营利方法是什么呢？

得出的结论只有一个：面向亚洲富裕群体的保存、保管业务。不只储存货物，还保管红酒、艺术品等。

保管环境不同，价值也容易发生变化。我们要创造一间仓库，让顾客可以放心地将想要珍藏的东西交给我们。

亚洲有很多政局不安定的国家。对这些国家的富裕群体来说，我们可以为他们提供一个距离机场近且能储存私藏品的地方。我相信一定有不少人有这种需求。

此外，我们还推出了云端储存服务——迷你仓库（minikura）。通过这项服务，谁都可以拥有一个以箱为单位的专属仓库。

附加价值一旦提高，每平方米赚的钱也会增加。如果每平方米每个月能多赚 5 000 日元，那么 10 万平方米每个月就能多赚 1.5 亿日元，一年就是 18 亿日元。

提高价值的想法孕育出了各种各样的改革。

62

永远聆听现场的声音

我担任社长以来做的事被一些人称作“崭新的改革”，也经常有人问我：“您是如何培养出这种思维能力的？”

但我其实没做过什么特别的事，也并非才华横溢的革新者。真要说的话，不过是站在现场，在那里发几个小时的呆，聆听那里的声音。

谁的声音？——现场诉说的声音。

我有一种感觉，仿佛那片土地在亲口告诉我：“啊，如果能这样活用一下我就好了。”

不是谁似懂非懂的建议，也并非数据。那些在我看来都是多余的杂音，最好不听。

但一定要仔细聆听现场的声音，为此就要给生活留出空白。如果匆匆忙忙，没有空闲和余力，就会错过真正重要的声音。

我 23 年前接手天王洲“T.Y.Harbor”餐厅时，也彻底改变了那里原有的法式风格。

我将原来的酿酒厂改造成开放空间后，无论白天还是夜晚，都有大批客人蜂拥而至，甚至预约不到位置。见到餐厅变得如此火爆，我很是开心。

在餐厅开业两年之际，回想起我担任社长的这 6 年，宛如做梦一般。当然，这也多亏了后来接手这家餐厅、现任 TYSONS & COMPANY 社长的寺田心平的感性与努力。

63

舍弃执念，提供对方想要的东西

我常听人说：“我的店在日本开得很成功，想扩张海外市场，但怎么都不顺利。”

我在亚洲其他国家及欧美等地都经营过店铺，却没什么特别痛苦的回忆。

在我看来，想要成功，最重要的是舍弃执念。

不要还没开始迎接挑战，就先入为主地认为“我要开一间这样的店”。要细心感受街道的氛围，多问问“这里有没有什么限制”，再结合当地的文化、规定，重新规划。

你要做的不是复制现成品，而是想着如何打造一个全新的店铺，不是在全球范围内开设连锁店，而是要创造一个新的品牌。

提供对方不想要的东西，是毫无意义的。如果海外店不能融入所在国家、所在地区的文化，就无法生存。如果能让当地居民觉得它是一家本土店，就再好不过了。

而从结果来看，只要对自己国家有益就好。不要一开始就抱有“要打造国风”的想法。

正如水可以改变形态，从高处流向低处，人也不能太死板，灵活变通才是成功的秘诀。

64

只要开口问，总有人教你，把现有的东西组合起来即可

我在中国台湾做过各种工作，也曾被要求做一些从未尝试过的事，比如建造一个水族馆。不过“被要求”这个说法并不准确，应该说是我突发奇想，想要建个水族馆。

起因是有人问我：“怎么才能把这里的住宅卖出去?”我提议说：“可以考虑在高楼下面建个水族馆。”

我的建议获得了批准，这是好事。但我之前没做过类似的工作，又得从零开始。

好在我擅长突击拜访，我跑去池袋的阳光水族馆等几个有名的水族馆，问人家：“怎么建水族馆啊?”对方便把设计专家介绍给我，甚至还有研发水族馆水压专用塑料的专家、水质管理的专家。于是，我就这

么认识了一众专家。

只要开口问，就一定有人教你。这句话说得一点儿也没错。如果遇到不懂的事，向别人请教就好。

将现有的技术重新组合，往往就能催生新的技术。所以不妨先去学习现有的技术，再想怎么做才能稍有不同。不断思考，或许某一天就能迸发出灵感的火花。

人生中对我影响最大的前辈之一

中野敢太
NOBODY 联合公司代表

说到我和父亲，与其说我们是父子关系，不如说他更像人生中对我影响最大的前辈之一。

在我年幼时，父亲几乎每个月只回家一两次。不过那已是近 30 年前的事了，那个时期他应该最忙吧。他偶尔回家时，会不停地和我聊最近政治、经济的要闻。即便那时我年龄尚小，也不影响他侃侃而谈“世间大道理”。不过那时的我并不认为那很无聊，反而觉得有趣，能一直听下去。

拥有投资者眼光的经营者

我年幼时很少见到父亲，但成年后就经常与他见面。

2010年，我进入寺田仓库工作。两年半后，由于想学习金融商业，我又去银行工作了两年。再之后，我去菲律宾、加拿大、澳大利亚游学了共一年，学习外语，回国后在初创公司帮过忙，也开过自己的公司，从事提高粮食自给率的工作。就在那时，父亲对我说："寺田仓库也启动了三个与粮食相关的项目。"于是我又回到了寺田仓库。

但等我真正开始工作时，当初说的三个项目在不到一周的时间内就消失了两个（笑）。父亲毫不犹豫地表示："因为不划算，就不做了。"及时止损，并不深究。从这一点上，我也深刻地感受到父亲是一位拥有投资者眼光的经营者。

无论是开始做一件事，还是放弃做一件事，父亲都是一如既往地干脆果断。他注重将速战速决贯彻到底，也因此取得了卓越的成绩。他让世人觉得寺田仓库在10年间已焕然一新，而能在短时间内改变外界的看法，也是因为寺田仓库确实发生了巨大的变化。

父亲一向看重改变。这些年来，他接手过不少国内外的公司。我听他说过，每次接受工作委托，他都会要求全权交由他处理。此外，他还表示："之所以要换人，就是因为期待新的经营者能做出改变，否则就没有意义了。"我也深刻赞同这一点。

将"简单即最好"做到极致的人

如果要我用一句话描述中野善寿这位经营者，那就是"一个将'简单即最好'做到极致的人，无论好坏"。

好的一面是，父亲能始终坚持初心，懂得取舍，清楚什么才是最优选择。商界经常出现这样一种局面：原本明确的目标在不断商讨的过程中变得模糊，选项越来越多，事态也越发复杂。而父亲却擅长让一切回归简单，排除本质之外的干扰项。

不过换个角度说，要在复杂的局面中作出决定，大概很困难吧。或许父亲正是深知，仅凭自己一人无法解读错综复杂的信息、作出简单选择，所以才会召集一批优秀的员工，帮他整理信息、提高决策力。他也善于发挥团队的机动能力。我在旁边看着，所以格外清楚这点。父亲很喜欢“适才适所”这个词，也常挂在嘴边。这个词同样适用于他本人。

简而言之，父亲并非无所不能的全才。从某种意义上来说，他会干脆地承认自己的弱点，注重“将能做的事做到极致”。其结果就是，这种“简单地相信自己直觉并作出决定”的生活方式成了他特有的武器。

不过我有时也会想：“如果他做事前能更深思熟虑一点儿，想想自己是否太过于重视速度，两者折中是不是更好一些？”这也是作为家人的我想要对他说的（笑）。

能在死亡前 10 秒感到幸福就足够了

身为家长，父亲却从未对我指手画脚过。在我 20 多岁决定创业时，他也全力支持我，说：“如果接下来的挑战能让你有所成长，就放手去做吧。”

人生是德行与功业的积累，而商业的大部分在于功业。但对人生而言，即使人生的 49% 是功业，剩下 51% 是德行的话就算取得成功了。

父亲常说：“能在死亡前 10 秒感到幸福就足够了。”也曾特意对我说：“无论失败多少次都没关系。只要能在最后笑出来，不就是成功吗？”

至今，父亲的这两句话都在激励着我。

中野敢太

1987 年出生。2010 年进入寺田仓库，曾参与公司经营。2012 年起在日本的都市银行工作，两年后出国留学。回国后对初创公司的支援及创业颇感兴趣，由于当时寺田仓库也致力于这方面的工作，所以决定再次回到寺田仓库。曾作为政策秘书，负责中野善寿直属部门的项目。2019 年任执行董事，专门负责拓展业务。2020 年离开寺田仓库，兼任初创公司首席战略官、首席财务官的同时，将精力放到自身事业的发展上。

ぜんぶ、すてれば

ぜんぶ、すてれば

第 5 章

漫不经心路过的地方，却有改变人生的邂逅

65

每天必做的事，是向自己立誓

每天醒来就忙得脚不沾地的我无论在哪里居住，出门前一定会做一件事——向自己立誓。所谓立誓，不过是说些微不足道的鼓励之言。

我会双手合十，念出自己的名字和住址，然后说：“今天也要努力工作。

“感谢上天给予我足够的食物活到明天，今天我也要争取创造出更大的价值。”

最后还会补充一句：“愿上天保佑。”

这三句话是我每天都要说的。

我的人生准则很简单：尽其在我，随遇而安。

我曾读过一本励志书，感触颇深。受其启发，我从 25 岁起就养成了每日立誓的习惯。一转眼，50 多年过去了。

“向自己祈祷，向自己发誓，这种感觉还不错。”我就是抱着这样简单的想法，一直坚持到了今天。

人无法战胜自己时，就会深陷人生低谷。为了摆脱困境，每日清晨重整旗鼓是非常有必要的。所以即便要迟到，我也要向自己立誓。

夜晚回到家中，我也要先说一句“我回来了”，然后双手合十告诉自己：“今天辛苦了，明天也要继续努力。”

66

人生的趣味会变，享受不同年龄的乐趣

专注今天，享受人生。——在我看来，人能做的仅此而已。

我如今已经75岁，回顾过往，20岁、30岁、40岁，每个人生阶段都有不同的乐趣。

20多岁时，我总在妄想和女孩子约会。

30多岁时，我当了父亲，又沉迷于育儿。孩子们的成长是很有趣的过程，我也乐在其中。我会认真地和他们做游戏，直到他们哭出声来。在他们很小的时候，我就让他们戴上护具，尽情地把乒乓球当棒球扔。儿子们也挺可怜，长大后抱怨说："都是因为爸爸，我才这么讨厌棒球。"

等我 40 多岁时，我又觉得工作很有意思。每天从早到晚思考工作上的事，与其说是在工作中寻找乐趣，不如说工作本身成了一种乐趣。

无论哪个年代，我都过得很充实。我享受着只有在那个年龄段才能体会到的眼前的乐趣。所以我几乎没有“如果那时再 ×× 一点儿就更好了”的遗憾。

我认为这就足够了。

67

人生是一道又一道终点线，我想在死前10秒觉得这一生很快乐

对我来说，人生的成功是什么？

仔细一想，我从一开始就没有想要实现的人生目标。

我年轻时随心所欲，没个定性，一头扎入从未设想过的世界。幸好每个时期都有人帮我，我才能尽情享受工作，而这种好运也一直陪伴我到今天。

我所拥有的一切都不是靠自己的力量实现的，而是多亏了大家，那么“终点”就必须自己说了算。

去年，我决定将寺田仓库社长一职交给寺田家的第三代寺田航平。小时候，我总喊他“小航平”。去年看到他，我不由觉得“小航平都长这么大了啊！说

起来，他现在也是外人眼中优秀的经营者。论实力，他或许比我更加优秀”。于是我便决定将社长这一位置交给他。

那时，公司基本完成业务转型，我也正好在想：“我这个空降的社长也该自己决定什么时候卸任了。”

假如将人生比作一场永不停歇的赛跑，那么冲过终点线的一瞬，人会感到无比快乐。这种瞬间可以不止一次地出现在人生中，决定权就在于你自己。

在我看来，如果能一次又一次感受到畅快的感动，即便死亡前 10 秒都觉得“在我一生中，无论哪场比赛都极其精彩”，这一生就足够幸福了。

68

一切都是因果，要有责任、觉悟和希望

弘法大师空海的思想对后世影响深远，被后人广为传颂。

其中最能引起我共鸣的，当属“因果报应”——一个人所做的事会原封不动地返给他自己。无论好坏，都是自己导致的。这是包含责任、觉悟和希望的一个词，我很喜欢。

我想进一步学习空海的思想，所以打算举办以“空海”为主题的研讨会。我相信，发源于亚洲的东方思想一定会在不远的将来影响世界。

我崇敬空海，但对于你，无论是谁，只要他的思想能支撑你的行动就足够了。

怎么找到这种支撑？

我认为不必想得太复杂，多和不同的人交流。如果对方的话让你觉得“啊，我好像明白了”或者“这和我一直以来的想法一致”，你就是迈出了第一步。

依靠自身力量，将自己的价值观整理出来，确实很难。但在我看来，世上有那么多思想家，只要找到一位合得来的就能在这方面帮到你。

69

不给自然增加负担，让生命以原本的模样结束

每次在“T.Y.Harbor”吃饭，我点的东西都一样。

或许是我个人的任性食谱吧，我总会点有机栽培的蔬菜制成的沙拉和汤，非常简单。我肠胃不太好，晚上又多有应酬，所以午餐基本只吃这些。

我不太喜欢特意从遥远国度进口来的肉和不应季的水果。

食物本是大自然的恩惠，不能为了满足自己的口腹之欲，给自然增加负担。无论是蔬菜、大米，还是肉，就应该吃方圆 4 公里内栽种、养殖、出产的，这才是顺其自然。

我每次点的沙拉里的蔬菜，都是从外国移居日本

的朋友亲手种的东京本地菜。形状并不规整，不同季节，种类不同。但在我看来，让自己去适应这种变化，才对身体更好。

我能从蔬菜中感受到季节的变化，而且夏天收获的瓜富含夏日所需的矿物质，更加营养。

我十分认同东方“医食同源”的饮食思想。

70

把时间用在创造美好未来上

某天秘书问我：“A 先生要离职了，想和您说几句话，您能抽出多少时间呢？”

A 先生是公司的管理人员，今年已经 69 岁了。这些年他劳苦功高，也是我的老相识。

我回答道：“10 分钟就可以了。”

秘书习以为常地表示：“好的，我知道了。”

不过如果别人听到了我们的对话，大概会惊讶：“啊，怎么这么短？”

但我不觉得时间短。正因为我们是老相识，该说的话早就说过了，所以即便我絮絮叨叨讲半天，大概也对他今后的发展没有帮助。

事实上，我也只是简单地对他说辛苦了，同他握手，和他道别。

如果他今年才 20 多岁，我的回答就不一样了。我大概会花 30 分钟，甚至一个小时的时间和他饯别。这是因为对未来可期的年轻人来说，我的话或许对他今后的成长有帮助。

我想将时间用在创造美好未来上。

71

不用急，和朋友相聚的日子会再来的

曾经有位30多岁热爱工作的年轻人向我倾诉烦恼："因为我总在忙工作，很少能抽出时间和学生时代的朋友见面。要是一直不往来，大家就疏远了吧。唉，有点儿寂寞……"

我笑着告诉他："这倒是不用担心。"

因为等上了年纪，有的是时间和儿时的朋友见面。

我现在就是如此。和我年纪差不多的朋友都从公司退休了，大家时间多了，就经常约出来聚会。我一般只露面30分钟到1个小时，然后就和大家打声招呼离开。因为聊得久了总得忆往昔，而这不合我的性格。老朋友们也清楚我是什么样的人，会纷纷挥手和我说再见。

大多数同学聚会我每年基本都会参加一次，这成了我这些年的惯例。

年轻时将精力投入工作和家庭是理所应当的。每个人都是这样，谁都不会觉得“那家伙不懂人情”。即便一时疏远，只要换个思维方式——“只是现在大家都不需要对方”就好。

这就是一时的事。只要耐心等待，早晚会重逢。

72

和不同行业、性格开朗的同龄人保持交流

我从年轻时起就尽量避免只和公司内部的人交往，而是希望能多见见在其他行业工作的同龄人。

我大概二十七八岁时，开始参加一个名为“阿波罗会”的学习会。每月一次，大家约在当时位于赤坂的“YOSHIHASHI”寿喜锅店交流学习。

会费我记得是5 000日元，当时还有一条规定：“哪怕只迟到5分钟，下次就不叫你了。”所以只有这时候，我特别守时。

我是学习会的发起人，召集的会员不少日后都成了精英，有大藏省的造币局局长、证券公司的第二代老板、地方百货店的第二代老板、大型租赁公司的副社长……

我们将部分交上来的会费攒起来，用于每年一次的出国旅行。

有一次我们去中亚，随行的阿拉伯语女翻译如今也是声名鹊起的领军人物。前些日子，我们时隔多年见了一面，她还笑话我说："我还以为见到了幽灵。"

跳出公司的范围，和活跃在不同领域的性格开朗的同龄人交流，确实不错。

学习会前前后后举办了差不多 20 年。

寺田保信（现任社长寺田航平的父亲）先生也曾是会员。后来他将寺田仓库社长之位交与我，给予了我极大的支持。我能和他相遇，也是多亏了学习会。

73

漫不经心路过的地方，却有改变人生的邂逅

我能到寺田仓库工作，究其原因，还要从46年前说起。

那时我正在筹办学习会，就邀请了寺田保信先生。这就是最初的契机。

而说起我们为什么会相识，其实纯属偶然。只是因为有一天我漫无目的地散步，恰巧碰见了寺田先生。

在那之前，我朋友去考船舶驾驶证时偶遇了寺田先生，跟我说：“坐在我旁边的那个男的还挺有意思，好像家里是经营寺田仓库的。”我就记下名字了。

那天我坐着公司的车，经过东品川的海湾沿岸，

不经意在右手边看到一栋建筑物，上面挂着“寺田仓库”的牌子。

我心想：“原来在这里啊！机会难得，我去看看。”就麻烦司机在路边停了车。我从车上下来，走过去后发现门口站着一个人。

我对他说：“请问，寺田保信先生在吗？”

“我就是。”

这就是我们第一次见面。一下子就见到了本人，我还真是幸运。

我又说：“我听我朋友说起过你，正好顺路，就来看看。机会难得，能带我参观一下仓库吗？”

我这人或许有点儿奇怪，好在寺田先生也是个怪人，张口就同意了。

“哎呀，还挺脏的。”我一边说着无礼的话，一边在寺田先生的陪同下参观了仓库。那之后，因为我们脾气合得来，就成了朋友。

寺田先生是个很大气的人，有着和我不同的执念，一旦相信谁，就愿意将一切托付给他。等我回过神时，寺田先生已然像我兄长一般了。

74

用钱之道，由自己的心决定

我前面提过，我不怎么花钱。

有人问："那您是不是都存起来了？"我的回答也是"没有"。

我一向主张不存钱。身上只留一点点现金，够平日生活用就行，剩下的用来捐款和购买艺术品。在我看来，假如有存款，也只会在我死后惹麻烦。

我大概从 27 岁起开始捐款，已经捐了 40 多年，最初是捐给为东南亚儿童提供教育机会的机构。

那时我的工资不高，每个月拿出三分之一用于捐款，算是一笔非常大的开销。

如果舍弃“钱要给自己花”的观念，就会多出一个选项——用于他人。对我来说，后者更令我心情愉快。

我购买艺术品，不是为了增加资产、买来收藏，而是为了支持年轻的艺术家。

我有时会逛一逛学生举办的展会，问他们：“这幅画卖多少钱？”等创作者告诉我金额后，我就说：“我出 10 倍买下来。”把他们吓坏了。

我想将钱用在让我由衷觉得“有价值”的东西上，而不是购买别人拿出来的“必需品”。

75

不被既定的评价吸引，想要购买有灵魂的作品

我在艺术方面完全是外行，但很喜欢购买中意的作品。

所谓中意的作品，不是那些有一定名气的大家的作品，而是今后可能有所成就的年轻艺术家和学生的作品。

再说得具体点儿，重要的不是出名与否，而是作品是否有灵魂。这一点对我很重要。

所谓有灵魂，就是包含了作者的心血。每一笔都是创作者精心描绘出来的，为之付出的精力远超常人。我想将这样的作品置于手边。

草间弥生的波尔卡圆点之所以能吸引全世界，大

概是因为她的作品拥有超越语言的灵魂。

我虽然喜欢艺术，却不会花重金在这上面。我的收藏品多在 100 万日元以下，是真弄脏了也没关系的那种，此外也会买些用于日常装饰的艺术品。

打造出一种让艺术品更加贴近生活的文化氛围，也是我今后的目标之一。

76

不留有形之物，而无形之物又能留下多少？

在我月薪只有10万日元时，差不多要拿出两三万用于捐款，所以根本没法给自己攒钱。我至今仍在捐款，捐给过很多人。大部分钱用于支援泰国北部地区贫困的孩子们。

我平时花钱最多的地方是买机票，其次是买衣服，因为每到一个地方就会买。

就算活得再长，余下的日子也不过20年、25年。假如我今天倒下了，为了不给周围的人添麻烦，我会留些现金，其他的都捐出去。资产我也会一点点整理，简简单单就好。

我几乎没给儿子们留遗产，不留有形之物，反而能让他们兄弟更加和睦吧。

真正应该留下来的，是无形的想法。

比如我在教训孩子时，不会一味地叱责他，而会告诉他，他为什么会挨骂。对下属也是一样。为什么我会如此严厉？我必须将背后的想法一起告诉他，才能让他记在心里。

无形之物又能留下多少？

这就得靠人的能力了。

77

零计划的旅行，邂逅才是最好的向导

迄今为止，我已经去过 130 个国家和地区，私底下也喜欢去海外旅游。

在陌生的土地接触未知的文化，可以让我的心灵更加自由。所以我也建议年轻人多去旅游。

若问起我的“旅游之道”，我会回答“从不列计划”。读到这里的诸位想必会觉得“真是你的作风”。确实，我连旅游也随心所欲。

我下了飞机会先找个街道，看到一家感觉不错的咖啡厅就走进去问人家：“这附近哪家餐厅好吃？”

对方会反问：“要找贵的吗？”

我就表达自己的愿望："太贵的不行。最好是味道差不多，气氛又比较好的。"

这样一说，店家基本都会告诉我一个合适的地方。

如果去的餐厅我很喜欢，我就会继续问店员："这附近有没有推荐的宾馆？"

通常来说，如果这家餐厅饭菜做得有品位，室内装潢又很不错，工作人员大多知道哪家宾馆比较好。等他们告诉我后，我又会拿出些小费："就那里了。我今天想住过去，能帮我预约吗？"

第二天的午餐也是如此。漫无目的的旅行才最有趣。

78

故乡的束缚，不过是一种幻想

日本人很难舍弃的东西之一就是故乡，因为出生在那里，与那片土地结下了不解之缘。或许不少人曾为继承家业和土地烦恼，但我认为没有必要被这种事束缚。

说起来，为什么日语里会有“土着”（意为在出生地安居）这个说法？回顾历史，我们便可知道，那不过是当时执政者制定的方针。

比如，江户时代的德川幕府曾制定土地政策。为了维持各地生产力，减少不必要的外来人口流入江户，政府分配土地，而寺院等设施也被用来划分地区。

人们之所以会执着于土地，或许最初只因为这是人员管理和生产管理的一环。如果这样想想，是不是就觉得“土地也不过如此”了？

人们重视土地，当然也能从土地收获一些东西，但可能因此失去的东西更多。比如，如果不被土地束缚，你就能随时出发，无论是去国外还是去其他什么地方。

诸如传统工艺那种精细的制造业确实需要传承，但即便如此，也不是离开了当地就一定做不好。

没有不可舍弃的东西——我建议大家保持这样的心态，试着怀疑所有的理所当然。

79

舍弃自己现在的地方，随时可以从零开始

不执着于居住地，顺其自然地选择搬去哪里。要问我为什么会形成这样的价值观?

主要原因在于我小时候总是频繁搬家。

我出生于1944年，因为家庭原因，被祖父母照顾长大。我的籍贯在东京，出生地却是青森县八户市鲛町。

我小学时转过一次学，中学又回到青森。因为同学们都说津轻方言，我完全听不懂，所以总觉得无依无靠，没什么朋友。

大学时我远去千叶，毕业后在东京就职，之后又出国工作，去过中国香港、纽约、巴黎等地。

或许正是因为有了这些经历，我才完全不抵触去陌生的土地。

我从没想过只在一个地方和固定人群交往，就像搞居委会似的。我的生活方式大概更贴近蒙古的游牧民族。

反正都是尝试新事物，和待在原地相比，我更愿意去新的地方。因为如果一直留在同一个地方，就可能受到过去做过的事的影响。

随时可以从零开始——如果能坚信这样的选择才能带来更好的结果，那么你就可以去往任何地方。

80

想要一直工作到死，为了保持自我

我原本没打算当个工作狂，但是想一想，如果不工作，每天该多无聊啊！

我生来就是吊儿郎当、没个正经样子的性格，要是不工作、不接触社会，恐怕得被关进牢房。当然，这是开玩笑。

不过为了能保持自我、能享受每一天，我也想工作到生命的最后一刻。

此外，假如一个人不工作，就意味着他要依靠另一个人生活。不依靠家人，就得依靠国家。我不想增添这样的麻烦。

在我看来，无论一个人活到 80 岁还是 90 岁，只要有能继续工作的身体和心态，就要去工作，哪怕只能交一点点税也是好的。

如果一个人打算一直工作，那么他就不会担心他的养老金还差多少。要将养老金视作额外的奖励。如此一来，人就不用为了赚更多钱而拼命，可以选择自己力所能及的工作。

如果精神矍铄的老人们愿意打扫公园，年轻的清洁工们就可以开始其他工作。这种即便能力有限也愿意为社会作贡献的老年人非常帅气。我也想成为他们中的一员。

81

寄希望于接下来的时代，向着信赖文化日益繁荣的未来

我无法预测未来，但心存希望，希望未来世界能发展成不被国界束缚，而是被文化维系的模样。

我喜欢历史、地理，也经常读书。如今标记在世界地图上的国界线，随着时代的推移，发生过巨大变化。再往前追溯，也有不存在“国界”这一概念的时代。

那么人类是如何彼此联系、构建社会，并不断发展的呢？

我认为是靠文化的共享。

人们不是靠国籍、宗教信仰这些属性来划分，而是靠彼此之间的信赖来维系，因此才在应对千变万化

的大自然的同时，构建起了共享相同文化的社会。

“中国人是这样，意大利人是这样。”通过属性划分毫无意义。每个人都是独一无二的，能和谁成为朋友，也存在无限可能。

我们要向着相信每个人潜能的时代发展。

互联网、区块链也是如此。如今的人们已经拥有可以确认彼此信任关系的技术，所以我心存希望。

为了接近这样的时代，我希望自己能成为一星灯火。愿我能化作希望的火种，让微弱的星火在子孙后代的时代熊熊燃烧。

我一度怀疑，确有其人吗？

胁山亚希子
寺田仓库 宣传负责人

我第一次见到中野先生时，就被吓了一跳。

大概4年前，我参加了寺田仓库的招聘面试。那时我已在外资企业和广告公司积累了一定经验，想要寻找一个更具挑战性的工作。

在终面环节，我见到了潇洒的社长，看上去比我听到的实际年龄年轻很多。那时寺田仓库很少对外宣传，主张改革的中野先生也一直戴着一层神秘面纱。

我甚至一度怀疑，确有其人吗？

然而在关键的终面上，中野先生竟然没问我几个问题。他先是讲了自己在中国台湾做了这样那样的工作，然后畅谈要将天王洲打造成艺术街道的宏伟理想。我觉得十分不可思议，心想："他要怎么判断我能不能通过终面呢？"

等我接到录用通知后，我问人事部为什么会录用我。对方回答说："因为你在听别人讲话时，会看着对方的眼睛。"

如今想来，那确实是符合中野先生作风的独特测试呢（笑）。

当你有意志和觉悟时，他会在背后支持你

我进入公司后，当务之急是扩大寺田仓库的知名度，为此就要进行战略性宣传，准备供媒体使用的新闻稿件，接受媒体采访。在中野先生有力的指挥下，寺田仓库的空间布局焕然一新，天王洲也洋溢着艺术气息。即便我刚来不久，也感受到了其中的魅力。

但我的想法却面临着巨大的障碍。而这个障碍不是别的，正是中野先生本人。

“我不喜欢到处吹嘘。新闻稿尽量少一些不行吗？”中野先生说，态度十分消极。

这样下去就无法开展工作，我只得一股脑儿地说出自己的想法：“我一定会拿出成果，您就让我试试吧。”不料他一口答应下来，让我按照自己的想法去做。事实上，这之后媒体曝光度一下子高了许多。后来每当公司有什么新进展，就会发布新闻稿，成了惯例。

我也是经过这件事才知道，中野先生并非思想顽固的经营者。当他看到员工有意志和觉悟，想要有所创新或者挑战新事物时，就一定会在背后支持对方。

如果和其他人做同样的事，就只能得出同样的结果

中野先生也提出过他自己的崭新的宣传战略，令我茅塞顿开。

2015年，绘画用品店“PIGMENT TOKYO”开业，它是艺术之街天王洲的新地标。中野先生表示，开业典礼只想邀请海外媒体，而且说：“费用我们全包。是否刊登新闻稿是他们的自由，但希望在天王洲的这几天能给他们留下深刻印象，要做好招待。”

我立刻向中野先生说：“通常来说，只有保证刊登新闻稿，主办方才会招待远道而来的记者哦。”这才是应该做的。

但中野先生却反驳说：“为什么你现在要提普遍做法？要是和其他人做同样的事，就只能得出同样的结果。那就没意思了吧。”

于是我们给28家海外媒体发出邀请，附带机票、住宿费、旅费全包，同时并不强制要求刊登相关稿件。尽管那时距离开业不到3周时间，还是有12家知名媒体同意前来。

在这12家媒体来访期间，我们不仅向他们介绍了新设施，还在宾馆内摆放了东京市内观光景点的导游图，准备了抹茶甜点，公开对他们表示感谢。行程的最后一天，我们还带他们乘坐屋形船，游览了充满风情的天王洲，确实做到了盛情款待。

等记者们心满意足地向我们挥手告别，前往羽田机场时，看着他们离开的背影，我不禁心中惴惴不安，心想："这样做真的好吗？"事实上，我是杞人忧天了。每家媒体都作了精彩报道，向全世界宣传我们。结果，越来越多的海外媒体以及国内媒体都争先想要采访我们。

这就是"中野流·逆输入型宣传战略"。不强制媒体刊登新闻稿的做法虽然闻所未闻，但获得了巨大的成功。中野先生在这方面表现出来的感性令人折服。

他身上有一种吸引力，让人想去回应他的期待

那时，公司上下为了实现中野先生接连提出的新想法，每日忙个不停，一点儿也不轻松。

中野先生的性格就是，一旦想到什么，就会立刻下指令、行动起来。所以无论清晨还是深夜，哪怕正月里你正在和家人喝屠苏酒，和朋友们享受烤肉，他也会毫不客气地打电话过来。为此，公司的管理层人人随身带一部工作手机，一年 365 天全天待机。

大家虽然会在背后抱怨："真是让人头疼的社长啊，饶了我吧！"但不知为何，又多少有些自豪。大概是因为中野先生常将一句话挂在嘴边，那就是"我啊，只会把工作交给有能力的人"。

那真是一句充满魔力的话，所以大家才能坚持下来。

我觉得中野先生身上有一种吸引力，让人想去回应他的期待。

不过也有不顺利的时候。每当员工拿不出成果，不能按照中野先生的预期完成工作时，他就会说："我知道了，这也是没办法呀。下次加油。"他会毫不犹豫地舍弃过去，立刻将重心转向未来。

“既然我相信你，将任务交给你，你就应该全权负责。”这是中野先生的商业信条，非常简洁利落。对于未能圆满完成工作的员工，这句话是宽慰，也是激励，让他们有了再接再厉的士气，更愿意努力投身于工作。

中野先生无疑是一位善于带领团队的领导。

毫不犹豫舍弃“应该如此”的执念

中野先生的生活充满活力，让人难以相信他已经75岁了。他一年中大部分时间在国外，但由于做事干脆果决，也会使用移动终端，所以我们之间的工作一直进行得很顺利，也没什么距离感。

中野先生的办公室里摆了一张站立式办公桌，他本人也喜欢整天站着工作。理由是：“和那些稳坐办公桌前的人相比，和站着的人聊天，对方更不觉得有压力吧？”这个做法确实很有效果。

而且在公司里，无论对方职位高低、是否属于正式聘用，中野先生都让人喊他“先生”。每天都有络绎不绝的员工喊着“中野先生、中野先生”来找他商谈。

社长站着办公，其他人都坐着，这样的公司不多见吧。

中野先生这种平易近人的态度即便在卸任后也没有改变。前些日子，有员工正为私事烦恼，恰巧在电梯里碰到中野先生。那位员工倾诉几句后，中野先生竟立刻让秘书安排一起吃午餐，让那位员工觉得十分感激。后来我们才知道，中野先生为此还改了和某企业高管见面的时间。

将注意力集中在当下这个瞬间；相信自己的感觉，不给自己设置边界；毫不犹豫舍弃“应该如此”的执念——不断践行这些理念的生活，就是我眼中中野先生的人生。

不加修饰，纯粹、简单

既然说到舍弃，我就再和大家说一说这本书出版时的一些事吧。

此前有数不清的出版社向中野先生发出邀请，希望他能出一本书，但每次都被拒绝。原因很简单，中野先生对此不感兴趣。送来的企划书基本都将重点放在中野先生的经营改革成就上，完全无法打动不喜欢吹嘘自己成绩也不爱张扬的他。

所以当我拿到 Discover 21 出版社林拓马先生发来的企划书时，也只是告诉中野先生："又有出版社来邀请您出书了。"

中野先生的反应不难想象，和往常一样，一秒后便回答："不出。"

不过我这次特意补充道："这样啊。但是这次的主题还不错。"

“是吗？什么主题？”

字体设置得很大，在看到它的一瞬间，中野先生的表情一变，笑起来。他似乎很中意这个简洁干脆的题目。30岁的年轻编辑难掩热情，在企划书中写道：“我想出版一本不谈商业秘诀，而讲个人生活姿态的书。”中野先生看罢，立刻表示：“好吧，那就出吧。”

因为中野先生“不擅长自说自话”，为了尊重他本人的意愿，这本书用了采访、听写、记录的方法，由代笔者将采访内容整理成文稿，最终呈现出来的正是我们日常生活中接触到的中野先生。

不加修饰，纯粹、简单——非常符合中野先生作风的第一本书。作为下属，我也感到由衷高兴。

胁山亚希子

武藏野音乐大学毕业后，前往意大利学习音乐。回国后，就职于世界第三的外资邮轮运营公司，积累了大量销售、市场、公关的经验，10年间一直致力于提高邮轮在亚洲的认知度。35岁时，转到KDDI集团的广告公司工作，兼任海外战略部市场小组及宣传团队的负责人。2015年，以战略宣传负责人的身份入职寺田仓库。2017年8月，任执行董事。2018年6月至今，任公益社团法人日本公共关系协会的理事。

沉迷于每一个瞬间，不断在感性中探寻准确性

这么多年，我在某种力量的支持和引导下，顺其自然地走了过来。与很多人相识、结缘，让我的生活充实且快乐。

我要再次重申：人生非常快乐。金钱是必要的，但更要我们思考，该怀着怎样的心情去使用它。没有绝对正确的答案。为什么？因为我们连事实的百万分之一都了解不到。不要执着于大脑中的正确答案，而要不断在感性中探寻准确性。

我很感谢至今的一切，从今往后也会继续享受人生，沉迷每个瞬间，让每一天都过得无比充实。这样的我，今后也请多多关照。

中野善寿

未来，属于终身学习者

我这辈子遇到的聪明人（来自各行各业的聪明人）没有不每天阅读的——没有，一个都没有。巴菲特读书之多，我读书之多，可能会让你感到吃惊。孩子们都笑话我。他们觉得我是一本长了两条腿的书。

——查理·芒格

互联网改变了信息连接的方式；指数型技术在迅速颠覆着现有的商业世界；人工智能已经开始抢占人类的工作岗位……

未来，到底需要什么样的人才？

改变命运唯一的策略是你要变成终身学习者。未来世界将不再需要单一的技能型人才，而是需要具备完善的知识结构、极强逻辑思考力和高感知力的复合型人才。优秀的人往往通过阅读建立足够强大的抽象思维能力，获得异于众人的思考和整合能力。未来，将属于终身学习者！而阅读必定和终身学习形影不离。

很多人读书，追求的是干货，寻求的是立刻行之有效的解决方案。其实这是一种留在舒适区的阅读方法。在这个充满不确定性的年代，答案不会简单地出现在书里，因为生活根本就没有标准确切的答案，你也不能期望过去的经验能解决未来的问题。

而真正的阅读，应该在书中与智者同行思考，借他们的视角看到世界的多元性，提出比答案更重要的好问题，在不确定的时代中领先起跑。

湛庐阅读 App：与最聪明的人共同进化

有人常常把成本支出的焦点放在书价上，把读完一本书当作阅读的终结。其实不然。

时间是读者付出的最大阅读成本

怎么读是读者面临的最大阅读障碍

“读书破万卷”不仅仅在“万”，更重要的是在“破”！

现在，我们构建了全新的“湛庐阅读”App。它将成为你“破万卷”的新居所。在这里：

- 不用考虑读什么，你可以便捷找到纸书、电子书、有声书和各种声音产品；
- 你可以学会怎么读，你将发现集泛读、通读、精读于一体的阅读解决方案；
- 你会与作者、译者、专家、推荐人和阅读教练相遇，他们是优质思想的发源地；
- 你会与优秀的读者和终身学习者为伍，他们对阅读和学习有着持久的热情和源源不绝的内驱力。

下载湛庐阅读 App，
坚持亲自阅读，
有声书、电子书、阅读服务，
一站获得。

「ぜんぶ、すてれば」（中野善壽）
ZENBU SUTEREBA

北京市版权局著作权合同登记号　图字：01-2022-2184

图书在版编目（CIP）数据

拼命活在顺其自然的瞬间 /（日）中野善寿著 ；王雯婷译. -- 北京 ：中国财政经济出版社，2022.6
ISBN 978-7-5223-1407-5

Ⅰ. ①拼… Ⅱ. ①中… ②王… Ⅲ. ①人生哲学一通俗读物 Ⅳ. ① B821-49

中国版本图书馆 CIP 数据核字（2022）第 074700 号

责任编辑：罗亚洪　　　　责任校对：胡永立
封面设计：ablackcover.com　　　　责任印制：张　健

拼命活在顺其自然的瞬间
PINMING HUO ZAI SHUNQIZIRAN DE SHUNJIAN

中国财政经济出版社 出版
URL：http://www.cfeph.cn
E-mail:cfeph@cfemg.cn

社址：北京市海淀区阜成路甲 28 号　　邮政编码：100142
营销中心电话：010-88191522
天猫网店：中国财政经济出版社旗舰店
网址：https：//zgczjjcbs.tmall.com
天津中印联印务有限公司印装　　各地新华书店经销
成品尺寸：147mm×210mm　32 开　7.25 印张　110 000 字
2022 年 6 月第 1 版　2022 年 6 月天津第 1 次印刷
定价：62.90 元
ISBN 978-7-5223-1407-5
（图书出现印装问题，本社负责调换，电话：010-88190548）
本社图书质量投诉电话：010-88190744
打击盗版举报热线：010-88191661　　QQ：2242791300